越是碎片化时代，

越需要系统性学习。

跟储君老师学

Excel

极简思维

储君 著

电子工业出版社.
Publishing House of Electronics Industry
北京·BEIJING

内 容 简 介

很多人认为，Excel 无非就是一个电子表格软件。其实 Excel 更深层次的意思是 Excellent（卓越）。如果你仅仅把 Excel 当作一个电子表格软件来使用，那么做出来的只能是一个统计报表；如果把它理解成"卓越"，那么就有可能做出智能化报表。

本书不是讲解 Excel 软件的基础操作，而是立足于"Excel 数据分析"，讲解 Excel 中常用、实用的功能，以及数据分析的思路及其相关操作。全书讲解深入浅出，通俗易懂，并有配套的学习视频，方便读者学习。

笔者提倡极简思维，本书的核心理念是"简单是极致的复杂"，力求让读者学会用最简单的方法解决复杂的问题。

本书能有效帮助职场新人提升职场竞争力，也能帮助市场营销、金融、财务、人力资源管理人员及产品经理解决实际问题，还能帮助从事咨询、研究、分析行业的人士及各级管理人士提高专业水平。

图书在版编目（CIP）数据

跟储君老师学 Excel 极简思维 / 储君著 . — 北京：电子工业出版社，2020.11
ISBN 978-7-121-39635-9

Ⅰ . ①跟… Ⅱ . ①储… Ⅲ . ①表处理软件 Ⅳ . ① TP391.13

中国版本图书馆 CIP 数据核字（2020）第 179873 号

责任编辑：王　静
印　　刷：北京富诚彩色印刷有限公司
装　　订：北京富诚彩色印刷有限公司
出版发行：电子工业出版社
　　　　　北京市海淀区万寿路 173 信箱　　邮编 100036
开　　本：720×1 000　1/16　印张：15.25　字数：293 千字
版　　次：2020 年 11 月第 1 版
印　　次：2020 年 11 月第 1 次印刷
定　　价：79.90 元

凡所购买电子工业出版社图书有缺损问题，请向购买书店调换。若书店售缺，请与本社发行部联系，联系及邮购电话：（010）88254888，88258888。

质量投诉请发邮件至 zlts@phei.com.cn，盗版侵权举报请发邮件至 dbqq@phei.com.cn。

本书咨询联系方式：（010）51260888-819，faq@phei.com.cn。

前　言

2018年，我和妻子一起从世界500强公司辞职，创办了自己的公司及Office职场大学社群，全身心投入在线教育事业，累计服务100万名学员。通过Excel，我们实现了年收入上百万元。

Excel就是Excellent（卓越）

很多人认为，Excel无非就是一个电子表格软件。其实Excel更深层次的意思是Excellent（卓越）。如果你仅仅把Excel当作一个电子表格软件来使用，那么做出来的只能是一个统计报表；如果把它理解成"卓越"，那么你就有可能做出智能化报表。

初学者常犯的错误有："我水平不行，是因为我掌握的Excel功能不够多。"其实学习Excel是一件很简单的事情。它可以用最简单的方法解决复杂的问题，用达·芬奇的话来说就是"简单是极致的复杂"。这也是使用Excel的核心原则。利用该原则，还可以从中衍生出使用Excel的基本规范和Excel高手思维。

只有用这些原则、思维和规范作为支撑，才能真正实现从统计报表到智能化报表的跨越。

用最简单的方法解决复杂的问题

如今，我们身处移动互联网时代，可以轻松地获取海量信息。正是因为获取信息更便利了，导致我们很难形成一个完善的知识体系。

本书的最大特色是对Excel知识体系进行了系统的梳理，系统讲解我们工作中常用的20%的Excel知识。全书讲解深入浅出，通俗易懂，并有配套的学习视频，方便读者学习。

本书不是讲解Excel软件的基础操作，而是立足于"Excel数据分析"，讲解Excel中常用、实用的功能，以及数据分析的思路及其相关操作。

同时，笔者提倡极简思维，本书的核心理念是"简单是极致的复杂"，力求用最简单的方法解决复杂的问题。

本书看似是一本工具书，但更是一本突破思维的书。

本书内容适用版本

本书所有内容均使用Office 365完成，但是书中大部分功能都可用于其他版本的Excel，对于Office 365特有的功能，笔者会做特别说明。为了达到最好的效果，强烈建议读者将Office更新为Office 365版本，它将极大地提升你的工作效率。

与笔者联系

因笔者知识和能力有限，书稿虽经多次修改，但纰漏之处在所难免，欢迎及恳请读者朋友给予批评与指正。读者可以通过公众号、微博、头条号及电子邮箱与笔者取得联系。另外，笔者的公众号中也有许多原创Excel文章，希望在那里与读者相见。

公众号：Excel学习交流中心（ID：xsjzc6）

微博：跟储老师学Excel

头条号：跟储君老师学Excel

电子邮箱：chujun2018@163.com

下载资源

本书中所使用的大部分案例均附有配套文件和视频供读者学习。

读者可以关注"Office职场大学"公众号，回复**"案例"**即可获取配套文件，回复**"课程"**即可获取学习视频。

致谢

感谢电子工业出版社的编辑王静老师，在多年前，她看了笔者的公众号文章后，邀请笔者写作本书，并在写作过程中给予了笔者指导和鼓励。

感谢Office职场大学社群的小伙伴一直以来的支持和鼓励。

感谢妻子一直以来默默的支持。

最后感谢广大读者的信任，感谢你们选择了此书。

储君

2020年7月13日

读者服务

微信扫码回复：39635

- 获取本书配套视频资源
- 获取作者提供的各种共享文档、线上直播、技术分享等免费资源
- 加入本书读者交流群，与作者更多互动
- 获取博文视点学院在线课程、电子书 20 元代金券

目　录

第2部分　基础的数据处理操作／020

第1课　重构Excel知识体系

1.1　认识Excel

很多人认为，Excel无非就是一个电子表格软件。其实Excel更深层次的意思是Excellent（卓越，见图1-1）。如果你仅仅把Excel当作一个电子表格软件，那么做出来的只能是一个统计报表，如果把它理解成"卓越"，那么你做出来的可能就是智能化的报表。

Excellent
（卓越）

图1-1

初学者常犯的错误有："我水平不行，是因为我掌握的Excel功能点不够多。"其实学习Excel，是一件很简单的事情。它可以用最简单的方法解决复杂的问题，用达·芬奇的话来说就是"简单是极致的复杂"（见图1-2）。这也是使用Excel的核心原则，利用该原则，从中还可以衍生出Excel高手思维和Excel使用基本规范。有了这些原则、思维和规范作为支撑，才能真正实现从统计报表到智能化报表的跨越。

图 1-2

1.2 Excel高手思维

1.2.1 三表分立

Excel到底有多简单呢？简单到它只有三种表格：明细表、参数表和汇总表。

明细表可以通过手工录入或者从系统导出得到，再利用公式和我们事先设定好的**参数表**匹配，最终可以生成**汇总表**。所有的Excel表格，归根结底都是这三种表格，见图1-3。这三种表格看起来很简单，但是当它们为互相独立的表格时，会让Excel的数据录入、计算、分析变得非常简单，且灵活性大幅提升。

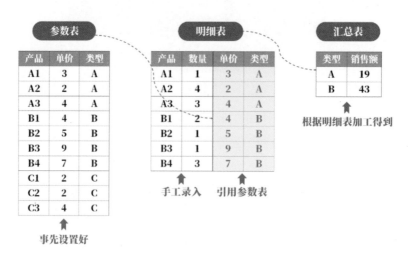

图 1-3

1.2.2　思路先行

数据分析是一件让大家很头疼的事情，其实Excel的数据分析，总结起来，就只有7个步骤（见图1-4）。

图 1-4

（1）**思考**：比如当老板让我们进行销售数据分析时，一开始我们就要考虑老板关心什么，想要什么结果。

（2）**获取**：获取数据有三种途径：

● 从系统导出。

● 外部单位发送。

● 自行手工录入。

（3）**规范**：在获取数据之后，因为很多数据是没办法直接就可以使用的，所以需要对其进行规范。

（4）**计算**：规范完之后要对数据进行计算，计算出我们想要的结果。

（5）**分析**：利用数据透视表等工具，对计算结果加以分析。

（6）**转化**：再把分析结果转换成可阅读的形式，比如各种图表。

（7）**输出**：最终才输出了老板想要的结果。

所有的Excel数据分析，都可以按照这7个步骤进行。思路先行，再难的数据分析都不怕。

1.2.3 问题转换

在实际的数据分析中，我们还经常会碰到一些一下子解决不了的问题，这时就要学会转换问题。比如在筛选数据时，经常会遇到筛选后数据顺序无法还原的问题，这时，可以通过添加一列自然数序列来帮助记录原始数据的顺序。这就是典型的问题转换思维。不要局限于表格本身，要跳出表格看问题。

1.2.4 组合提升效率

随着Excel学习的深入，你会掌握很多的知识点。单个知识点能解决的问题往往有限，但是，当你能有机地将不同的知识点组合起来时，就会产生"1+1>2"的效果，甚至会产生远远大于2的效果。

最简单的例子就是函数的嵌套，当将不同功能的函数嵌套在一起时，使用一个函数表达式就可以解决较为复杂的问题。在平常的学习中，一定要多想想学到的某个技能能和哪些技能组合使用，组合之后能解决什么问题。要真正让自己所学到的技能达到融会贯通。

1.2.5 必须检查

Excel新手往往会"重计算，轻检查"，认为会用各种函数计算数据才是真本事。但是在现实工作中，检查数据确实是至关重要的一个环节。想想看，如果你加班熬夜了好几天，用了很多函数和技巧，结果一不小心结果是错的，那么再多的努力都是白费的。

因此，必须要在计算数据后立刻进行检查。检查的方法有很多种，在后面的内容中会——介绍。

另外，在发送最终报表之前，可以先将报表发送到自己或者同事的邮箱中，然后下载下来，看看报表是否有错误。这一步相当于站在接收报表的人的角度去检查，效果也非常好。从现在开始，读者就要树立起“必须检查”的思维。

1.2.6 有备无患

在使用Excel解决问题时，往往一个问题的解决方法有很多种，每一种方法之间都会有细微的差别：有的看起来复杂一些，但是适用范围更广；有的看起来很简单，但是有着苛刻的使用条件。如果你只会一种解决方法，那么当你遇到特定问题时，就不能有效、灵活地解决。所以，多掌握一些方法，思考它们的适用范围，真正做到“有备无患”也是Excel高手非常重要的思维方式。

1.2.7 批量自动

在Excel中，我们经常会遇到需要反复操作很多次同样操作的情况。比如，我们要根据销售员的姓名，查找其销售业绩。这种重复的操作如果通过手工完成，那么效率会很低，而且还特别容易出错。那么当遇到需要重复操作的情况时，该如何处理？其实有两种处理方式。

（1）**批量化**。让原本需要一个个手工完成的操作，变成一批批自动化地完成，最典型的方案就是写出一个公式，然后复制公式到其他单元格中批量计算。

（2）**自动化**。比如对于本节开头介绍的例子，利用Excel自带的VLOOKUP函数就可以轻松地自动实现，见图1-5。在这里读者先了解有这个功能即可，在后面的内容中会有详细的介绍。

销售员	销售额(万)
张三丰	10
杨过	20
郭靖	30
小龙女	40
独孤求败	50
老顽童	60
黄老邪	70
张无忌	80
欧阳锋	90
洪七公	100
储君老师	110

销售员	销售额(万)
储君老师	110
独孤求败	50

=VLOOKUP(D2,$A$2:$B$12,2,0)

第一参数：找什么（或者说按什么查找），按销售员查找，所以输入D2

第二参数：在哪找，数据源区域在A:B列，所以输入$A$2:$B$12

第三参数：找到后返回第几列，我们要查找的是销售额，销售额位于B列，即第二参数中的第二列，所以输入2

第四参数：这里要精确查找，所以输入0

参数解释：

=VLOOKUP(要查找的销售员,包含销售员和其销售额的数据源区域,找到后返回第2列,精确查找)

图 1-5

1.3 Excel知识体系

很多人学Excel很久了，但还是用不好Excel，为什么？因为他们没有建立Excel的知识体系。

笔者经常看到一些人用非常复杂的方法解决问题，导致自己经常加班。他们为什么不用简单的方法呢？因为很多人在学习Excel的过程中存在的最大的问题是**不知道自己不知道**。比如不知道用VLOOKUP函数可以实现自动查找，而是用最原始的方法——用眼睛去查找，这样效率肯定高不起来。

大多数人不可能掌握Excel的所有功能，但是如果我们知道在什么情况下可以利用Excel简化工作，那么即使不会用Excel，也并不可怕，因为我们完全可以通过学习大幅度提高工作效率。

那么如何才能掌握Excel的精髓？你需要建立Excel的知识体系。如图1-6所示，这就是一张完整的Excel的知识地图。读者可以按照它来完善自己的Excel体系。你不必完全掌握每一个知识点，但是至少要清楚每一个模块都有哪些功能。

图 1-6

Excel的知识框架可以分为以下3个层次。

第一层，基本操作：需要对Excel从认知到熟悉，最后结合案例熟练运用。需要掌握的基本功能有：常用快捷键、数据筛选、数据排序、数据分列、文档打印、数据有效性等。

第二层，高级运用：首先需要了解数据之间的关系，常见的关系有趋势、对比、构成和分布；然后用常用函数（文本、统计、逻辑、时间）对数据进行处理；接着再利用运算函数、数据透视表等工具进行分析；最后用合适的图表或者单元格可视化的方式呈现出结果。

第三层，系统应用：在这一层次中，我们面临的往往是复杂的问题。想要解决复杂的问题，需要具备自动化、流程化和系统化的思维。此时可能需要用仪表盘的形式来展示错综复杂的数据关系，甚至还需要用Excel开发一些小工具。

1.4　使用Excel的基本规范

1.4.1　数据录入规范化

（1）**不要把不同类型的数据（或信息）放在一个单元格内**。比如有一个事项：5月19日储君老师去上海出差2天。如果把这条信息放在一个单元格内，就是非常错误的做法。正确的做法是把信息拆分为日期、姓名、出差地址和天数4列。这样才是一个规范的信息表格，见图1-7。

事项
2018年5月19日，储君老师，上海出差2天

日期	姓名	出差地址	天数
2018年5月19日	储君老师	上海	2

错误的做法　　　　　　　　　　　　正确的做法

图 1-7

（2）**不要合并单元格和空行**。如图1-8所示，左边的表格是错误的范例，其中不但有合并单元格，还有空行。而右边的表格是正确的范例，其中没有合并单元格，也没有空行，这样才是一个比较规范的信息表。

产品	销量	同比
独孤求败	1000	88.0%
	1500	77.0%
老顽童	1900	66.0%
	1911	55.0%
储君老师	1930	44.0%
	2279	33.0%

错误的做法

产品	销量	同比
独孤求败	1000	88.0%
独孤求败	1500	77.0%
老顽童	1900	66.0%
老顽童	1911	55.0%
储君老师	1930	44.0%
储君老师	2279	33.0%
储君老师	2319	25.0%

正确的做法

图 1-8

（3）不要用错误的日期格式。如图1-9所示，左图中的第3列的数据看起来是日期，但是由于分隔符用的是"."，所以并不是真正的日期格式，是不能进行计算的。右图中的第3列数据才是正确的日期。

产品	销量	日期
张三丰	1000	2018.10.12
杨过	1500	2018.10.13
郭靖	1000	2018.10.14
小龙女	900	2018.10.15
独孤求败	2400	2018.10.16
老顽童	600	2018.10.17
储君老师	2000	2018.10.18

错误的做法

产品	销量	日期
张三丰	1000	2018-10-12
杨过	1500	2018-10-13
郭靖	1000	2018-10-14
小龙女	900	2018-10-15
独孤求败	2400	2018-10-16
老顽童	600	2018-10-17
储君老师	2000	2018-10-18

正确的做法

图 1-9

1.4.2 数据可视化

文不如表，表不如图。如果直接将数据放在表格中，虽然很规整，但是因为信息量很大，不但看起来非常不直观，而且让人抓不住重点。可以利用条件格式、图表等让数据看起来非常直观，让人瞬间抓住重点，这就是数据可视化的作用，见图1-10。

产品	销量	同比
张三丰	1101	81.00%
郭靖	1185	71.00%
杨过	1526	51.00%
老顽童	1811	99.00%
独孤求败	2156	21.00%
小龙女	2281	91.00%
储君老师	2924	81.00%

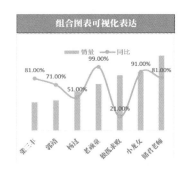

图 1-10

1.4.3 数据计算函数化

数据计算可以函数化。比如对于多表格数据汇总，可能我们会用"+"运算符来累加一张张表格中的数据，其实利用SUM函数可以非常快速地进行多表格求和，直接用函数计算比用运算符计算的效率会高出百倍，这就是函数化原则。

1.5 Excel界面基础

了解了Excel的知识体系之后，我们还要熟悉Excel的界面。Excel的基本界面包含以下功能模块，见图1-11。

图 1-11

（1）**菜单栏**：不同的菜单下对应不同的工具。

（2）**工具栏**：对应的菜单栏下会呈现出不同的工具，我们常用的各种筛选、条件格式等就是工具栏中的按钮。

（3）**快速访问工具栏**：有些工具隐藏得比较深，需要好几步操作才能找到，但是又很常用。可以在工具图标（比如筛选功能）上单击鼠标右键，在弹出的快捷菜单中选择"添加到快速访问工具栏"命令。这时，它就会出现在快速访问工具栏中，单击就可以使用，该功能在第2课中会重点讲解。

（4）**名称栏**：默认显示当前单元格的名称。如果输入特定的单元格名称，比如A100，就会直接跳转到指定单元格中。名称栏还有一些更高级的用法，如可以定义某一个区域的名称，实现轻松跳转到指定区域，还可以让公式书写大幅简化。

（5）**编辑栏**：在撰写复杂的公式时，单元格大小有限，经常会写不下，可以在编辑栏中撰写公式，效果和在单元格中输入一样。

（6）**工作表导航**：这个小区域中虽然只有两个小箭头，但是功能非常重要，当工作表特别多时，来回进行切换很麻烦。但是只要用鼠标右键单击工作表导航按钮，就可以快速跳转到指定工作表中。

（7）**工作表标签**：这个是读者比较熟悉的功能，只要单击某个标签就能跳转到某个工作表中。

（8）**状态栏**：这里会显示一些信息，当我们在操作单元格时，会显示单元格的计数、求和、平均值等信息，方便我们预览。

（9）**显示比例**：有时候工作表会非常大，想要一览全貌，可以利用显示比例功能：用鼠标向左拖动滑块，可以缩小页面视图。同理，如果想放大页面视图，就把滑块向右拖动。

1.6 高效使用Excel

习惯决定成败。特别是在我们做Excel表格时，可能一个不好的习惯，就会导致整个表格都要重新做，费时费力。这就是为什么很多人花10小时才能解决的问题，高手只需要1小时就解决了。

1. 良好的保存习惯

很多人喜欢把文件放在电脑的桌面上，这样既不美观，也不便于查找，而且万一系统出现问题，则C盘中的所有数据（包括桌面上的数据）都会被清除。因此，建议把文件保存在D盘中，并且按项目分类的方式妥善整理，然后把最近常用的文件夹以快捷方式的方式放在桌面上。

特别要注意，平时在操作Excel时，一定要时常按快捷键Ctrl+S保存文件，养成这个好习惯，可以防止工作成果丢失。

2. 常用快捷键的习惯

天下武功，唯快不破。用好快捷键不但可以让我们的操作更快速，而且可以更准确。

3. 常备份的习惯

重要的数据一定要多备份。可以备份在电脑的其他硬盘中，或者备份在网络云盘中。而且完成一个版本，就要备份一份。

养成以上良好的工作习惯，一定可以大幅度提升工作效率。

第2课　事半功倍的基础工具

Excel中有非常多的提供工作效率的秘密武器，本课会介绍那些会让效率加倍的基础工具。

2.1　常用快捷键

Excel所有的快捷键加起来一共有82个，下面罗列了其中常用的几个快捷键，详见图 2-1。

有的读者会问：需要把这些常用的快捷键背下来吗？笔者不建议背诵这些快捷键，而是建议经常使用，熟能生巧。

高效习惯——常用快捷键

图2-1中的快捷键，都可以大量简化鼠标操作。更关键的好处在于不需要用眼睛去定位鼠标的操作，这会节省大量的时间且准确无误。所以，必须要养成使用常用快捷键的习惯。

2.2　自定义快捷键

Excel系统自带的快捷键确实很好用（见图2-1），但有的时候，有些高频使用的功能没有自带的快捷键。比如，我们经常会用到的筛选功能就没有快捷键，我们需要单击好几次鼠标才能找到它。

图 2-1

在这种情况下，怎么提升效率？其实我们可以创建自己的快捷键。在第1课中介绍
了"快速访问工具栏"，其实在快速访问工具栏中的所有工具，默认都有一组对应的
快捷键——"Alt+数字键"。

也就是说，在快速访问工具栏中的第一个功能按钮，对应的快捷键就是Alt+1；第

二个功能按钮，对应的快捷键就是Alt+2，以此类推……

利用上述特性，可以把筛选功能放在快速访问工具栏中的第一位，然后选中需要筛选的表头，按快捷键Alt+1就可以快速进行筛选，见图 2-2。

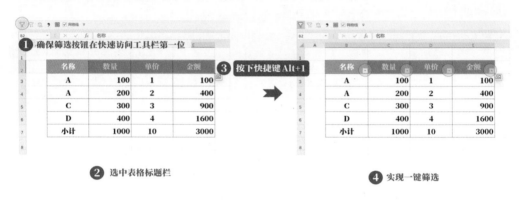

图 2-2

同理，我们还可以加入一些其他常用功能。笔者常用的5个Excel功能分别如下。

（1）**仅粘贴数值**：对于有公式的表格，经常需要将数据粘贴为纯数值，常规的操作是单击鼠标右键，在弹出的快捷菜单中选择"粘贴为数值"命令。但是有了快捷键，就可以1秒就完成。

（2）**选定可见单元格**：对于需要筛选数据的表格，经常需要把筛选后的内容单独复制出来，但是使用普通的选择方法，会把所有内容都复制出来。通过选定可见单元格功能，可以只复制能看到的单元格内容。

（3）**千分位数值格式**：这个功能对从事会计行业的人来说超级有用。使用此功能可以1秒就统一数字格式。

（4）**筛选**：前面已经介绍过，"筛选"是Excel数据分析中最常用的几大功能之一。

（5）**取消筛选**：筛选完成后，我们往往还要取消筛选，所以也可以将这个功能放在快速访问工具栏中。

> **高手思维——组合提效思维**
>
> 自己创建快捷键会大幅提升工作效率，这是典型的"组合提效"思维。把快速访问工具栏和常用功能组合在一起，会起到1+1>2的效果。

2.3　格式刷

我们经常会重复使用一个表格的样式，这时候格式刷就派上用场了。选中设定好样式的表格区域，单击"格式刷"按钮。再定位到想要应用样式的单元格区域并单击，单元格格式就变成我们想要引用的样式了，见图 2-3。

图 2-3

如果需要应用多次，则只需双击"格式刷"按钮，就可以不断应用样式到不同的单元格了。

2.4　剪贴板

我们经常会遇到这样的场景：把1~3月的数据快速合并到一张表中。普通的操作是复制1月的数据并粘贴到汇总表中；然后复制2月的数据并粘贴到汇总表中；再复制3月的数据并粘贴到汇总表中。这样操作效率非常低。

利用Excel自带的剪贴板工具，可以快速批量复制、粘贴数据。具体操作见图2-4。分别复制1、2、3月的数据，这时剪贴板中会显示复制的内容。

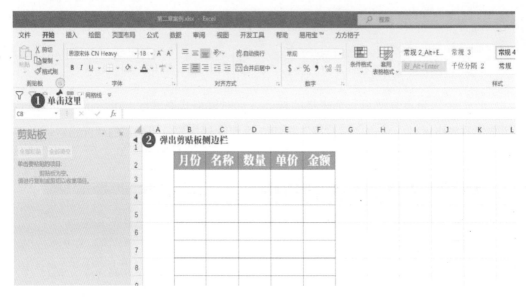

图 2-4

将鼠标光标置于汇总表的第一个单元格中，单击"全部粘贴"按钮，3个月的数据会自动粘贴完毕，见图 2-5。

图 2-5

2.5　录制宏

有些操作需要经常使用，而且步骤非常多，没有快捷键怎么办？这时候，录制宏可能会让你轻松百倍。因为通过录制宏可以记录下你的一系列操作，并且可以防止快捷键冲突，以后只要使用快捷键就能自动执行录制好的一系列操作，相当好用。

比如，现在有一个需求：快速删除表格中的空白行。如果是一张表格，那么操作还算简单：定位到空值，然后删除行即可。但是如果有100张表格那该怎么办？可以用录制宏来简化操作。具体操作如下。

先单击"文件"选项卡中的"选项"命令，会弹出"Excel选项"对话框。选择"开发者工具"选项卡，具体操作见图 2-6。

图 2-6

然后开始录制宏，具体操作如图 2-7所示。

图 2-7

接下来定位空置，具体操作见图 2-8。

图 2-8

在选中的空行上单击鼠标右键，接下来的具体操作见图 2-9。

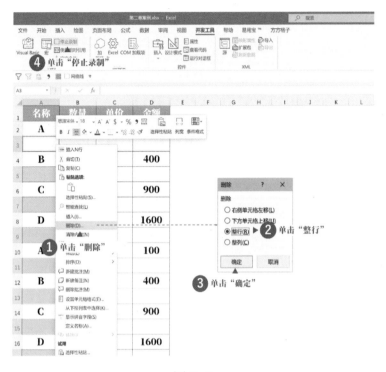

图 2-9

完成上述操作之后，我们做的所有操作就被录制下来，并被保存在了Ctrl+K快捷键中。以后再遇到同类问题，按快捷键Ctrl+K，就会自动删除空白行。就算有100个表格，几分钟就可以完成了。

高手思维——批量自动

Excel的录制宏功能，其实并不复杂，但是对于需要重复很多次的组合操作来说，就非常有用。这也是"批量自动"思维方法的典型应用。

第3课　不为人知的排序和筛选高级用法

3.1　排序和筛选的基本用法

提到排序和筛选功能，读者可能都比较熟悉，但是为什么要进行排序和筛选呢？因为通过排序和筛选，我们可以更直观地获得有效信息。比如图3-1左图中的数据就是未排序的状态，我们很难在第一时间找到市场份额最大的产品是哪个。而右图的市场份额是排序好的，瞬间就能让我们发现哪个产品的市场份额最大，这就是排序的好处。

未排序：信息杂乱

竞品分析	市场份额
竞品A	66%
竞品B	64%
竞品C	48%
竞品D	32%
自己	78%

已排序：一目了然

竞品分析	市场份额
自己	78%
竞品A	66%
竞品B	64%
竞品C	48%
竞品D	32%

图 3-1

筛选也是同理，筛选可以去掉数据表中无关的干扰项，让我们只查看感兴趣的信息。

排序和筛选让表格中原本庞杂的信息瞬间变得清晰、易读，可以大幅提高工作效率。下面先来看看排序和筛选的基本用法。

3.1.1　排序的基本用法

先来看前面提到的竞品分析案例。通过排序可以让重点突出。具体操作如图3-2所示。

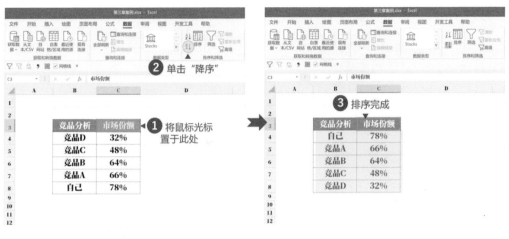

图 3-2

1．排序注意事项：不要单独选中需要排序的列

如果像下面这样操作，则排序只是在这一列进行，没有扩展到其他相关的列，会导致数据错乱，见图 3-3。

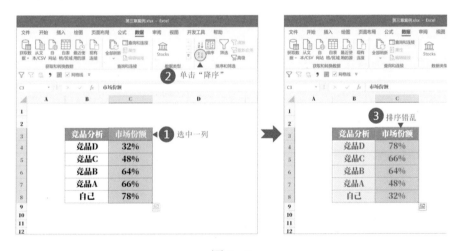

图 3-3

2．排序注意事项：一定要扩展选定区域

有时候，如果先对排序的列单独用了筛选，再进行排序，则会出现类似图3-4中所示的提示，这时一定要选择"扩展选定区域"单选框。

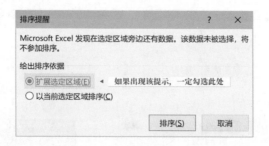

图 3-4

由于排序可能存在让数据错乱的风险，且不容易恢复成原始状态。所以，在多数情况下，不建议直接使用排序功能。在3.1.2节会介绍筛选功能，这个功能会让排序更简单，更安全。

3.1.2 筛选的基本用法

首先，添加筛选按钮。先选中数据的标题行（注意必须全部选中），然后有两种方法可以添加筛选按钮。

方法1：操作如图 3-5所示。

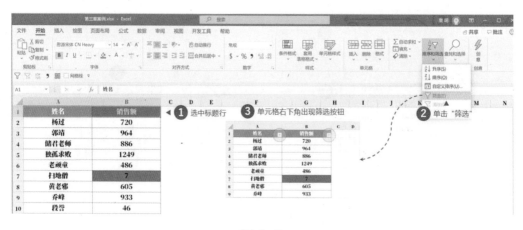

图 3-5

方法2：操作如图 3-6所示。

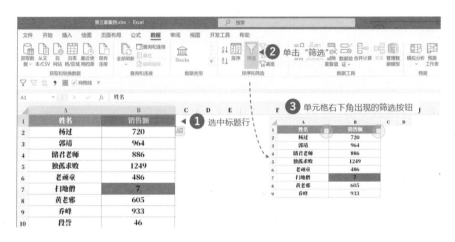

图 3-6

这两种方法的效果是完全一样的。下面介绍筛选的基础功能。假设有一份销售额数据，用筛选可以实现以下功能。

1．排序功能

（1）升/降序排序

比如要按照销售额升序排列，则只需要单击"销售额"单元格右下方的三角形按钮，在弹出的菜单中单击"升序"命令即可，见图 3-7。

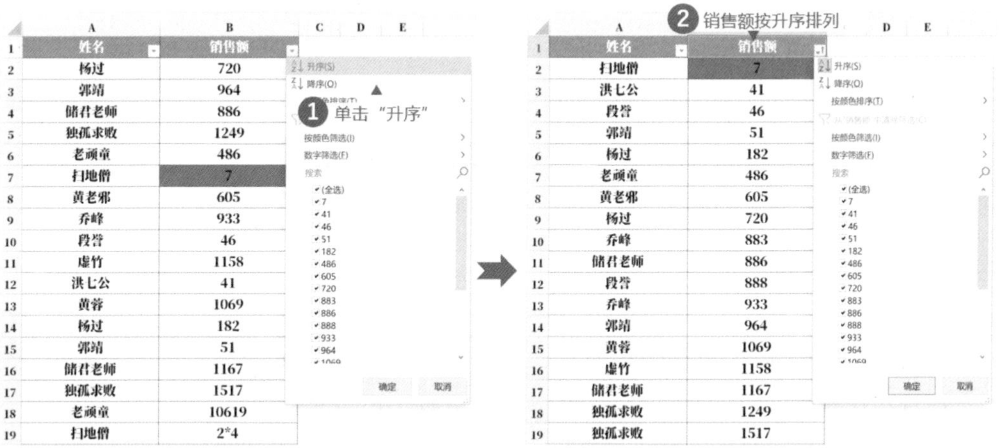

图 3-7

（2）按颜色排序

如果在表格中已经标注了特定颜色，比如用红色底色标注了特殊的值，这时候还可以按颜色对数据进行排序。只需要单击"销售额"单元格右下方的三角形按钮，在弹出的菜单中单击"按颜色排序"—"按单元格颜色排序"命令，再选择红色即可，见图3-8。

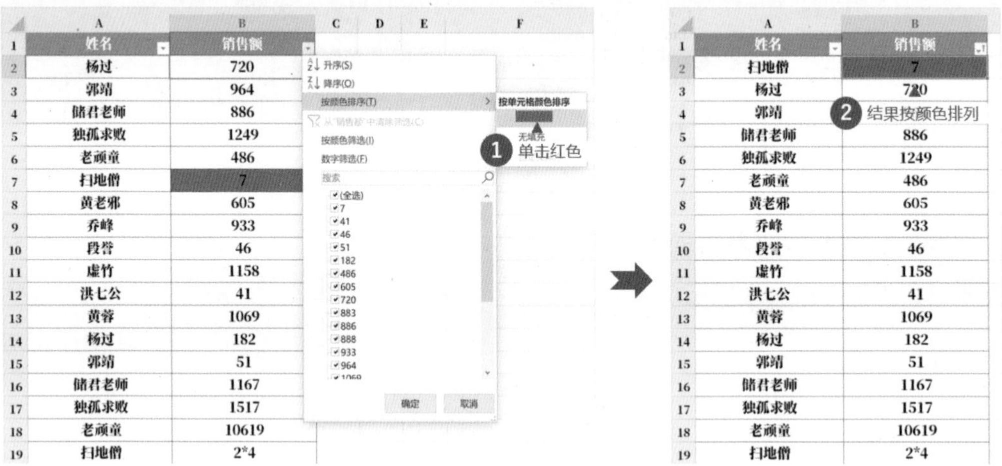

图 3-8

2．筛选功能

（1）数字筛选

数字筛选功能非常好用，使用此功能可以轻松筛选特定的数值、特定范围的数值等。比如要找出销售额在前5名的数据，先单击"销售额"单元格右下方的三角形按钮，之后的操作如图 3-9所示。

（2）特殊筛选

如果要进行一些比较特殊的筛选，比如筛选包含某个字符的数据、筛选四位数等，该如何操作呢? 可以利用筛选菜单的搜索框来实现。

筛选包含1的数字: 在筛选菜单的搜索框中输入"1"即可，具体操作如图3-10所示。

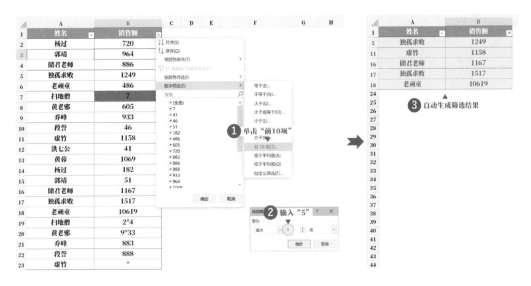

图 3-9

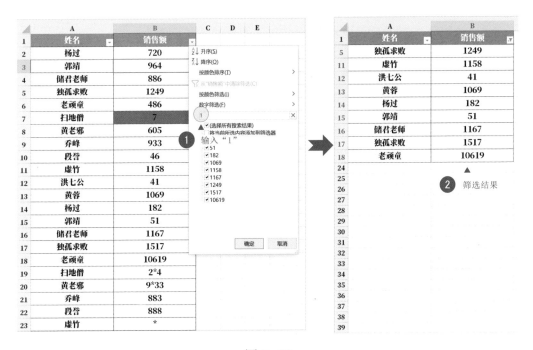

图 3-10

筛选以1开始的数字：在筛选菜单的搜索框中输入"1*"，这里的"*"是通配符，可以是任意多个字符，具体操作见图 3-11。

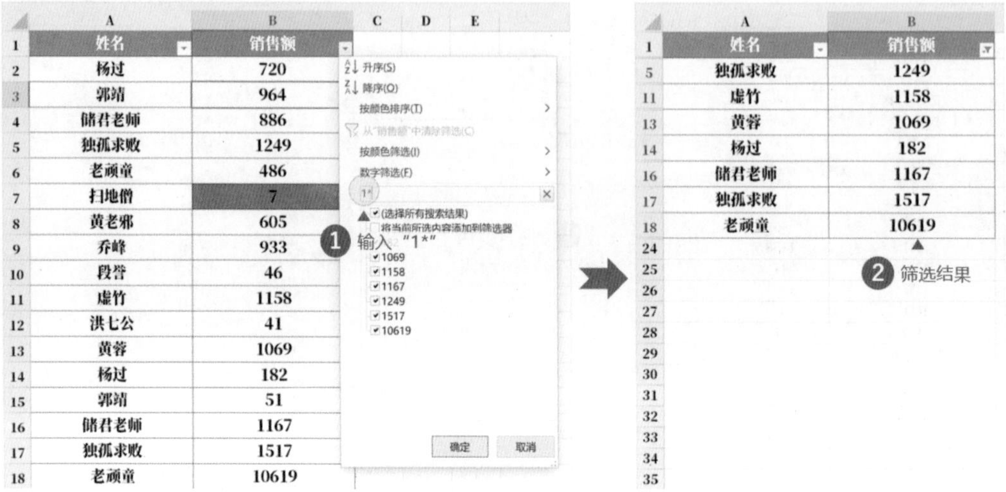

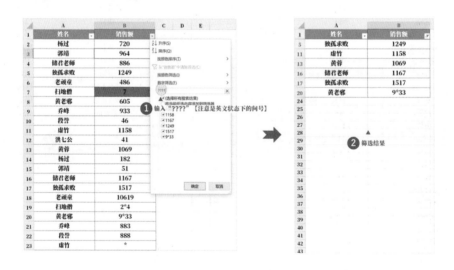

图 3-11

筛选4位的数字：在筛选菜单的搜索框中输入"？？？？"。注意，这里的"？"表示单个占位符，占1个字符位置；4个"？"就是4位数，见图3-12。

图 3-12

筛选以1开始和以8开始的数字：在筛选菜单的搜索框中输入"1*"，单击"确定"按钮。再打开筛选菜单，在搜索框中输入"8*"，勾选"将当前所选内容添加到筛选器"复选框即可，见图3-13。

图 3-13

精准筛选数字7：在筛选菜单的搜索框中输入"7"，注意添加英文状态下的双引号，才可以精确筛选，见图 3-14。

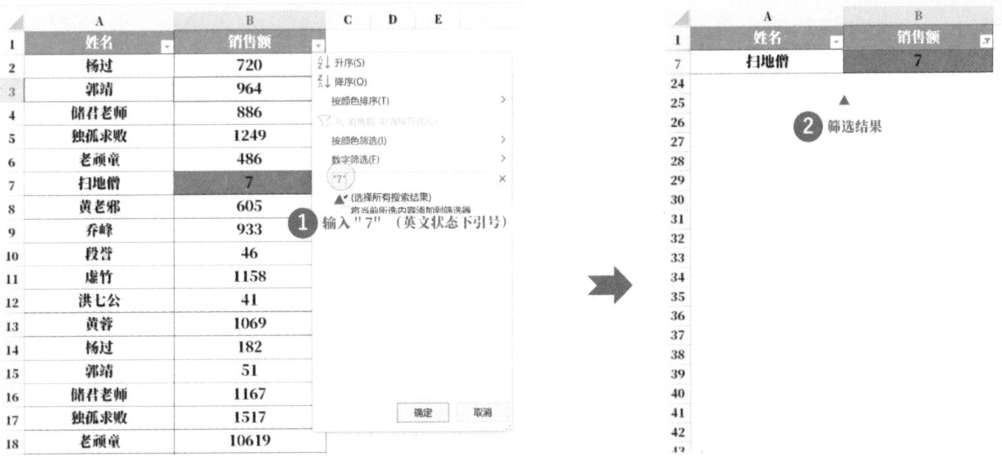

图 3-14

筛选*：假如数据中包含"*"，这时怎样才能筛选到它呢？只要在筛选菜单的搜索框中输入"~*"即可。"~"键在Esc键的正下方，见图 3-15。

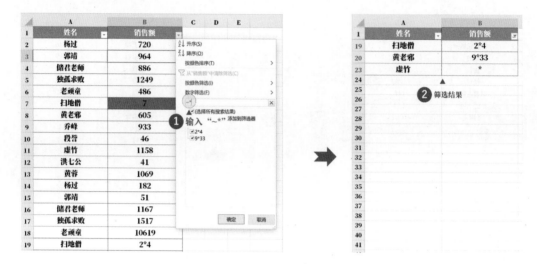

图 3-15

高手思维——有备无患

从上面的介绍来看，筛选功能基本上可以替代排序功能，但是为什么还要介绍两种方法。因为多一种方法，多一种灵活性，从而做到有备无患。

3.2　排序和筛选的进阶用法

前面介绍的操作都是单条件排序和单条件筛选，如何进行多条件排序和筛选呢?

3.2.1　多条件排序

图3-16是一张销售数据表，这里要先按照地区升序排列，再按照金额降序排列。其中涉及两个条件，具体操作如图 3-17所示。

	A	B	C	D	E	F	G
1	销售日期	地区	销售员	商品名称	数量	单价	金额
2	2011年2月3日	六安	杨过	A	196	52	10,192
3	2011年2月8日	合肥	郭靖	B	182	19	3,458
4	2011年2月13日	巢湖	储君老师	A	67	91	6,097
5	2011年2月18日	滁州	独孤求败	A	144	13	1,872
6	2011年2月23日	巢湖	老顽童	B	101	46	4,646
7	2011年2月28日	安庆	扫地僧	B	168	63	10,584
8	2011年3月5日	马鞍山	黄老邪	C	196	37	7,252
9	2011年3月10日	六安	乔峰	C	133	53	7,049
10	2011年3月15日	合肥	段誉	A	86	51	4,386
11	2011年3月20日	巢湖	老顽童	B	127	29	3,683
12	2011年3月25日	六安	杨过	D	171	85	14,535
13	2011年3月30日	合肥	段誉	E	170	84	14,280
14	2011年4月4日	巢湖	储君老师	F	164	41	6,724
15	2011年4月9日	滁州	独孤求败	G	189	15	2,835
16	2011年4月14日	巢湖	储君老师	G	56	41	2,296
17	2011年4月19日	安庆	虚竹	D	85	94	7,990
18	2011年4月24日	马鞍山	黄老邪	A	169	77	13,013
19	2011年4月29日	六安	洪七公	C	193	63	12,159
20	2011年5月4日	合肥	黄蓉	C	185	8	1,480
21	2011年5月9日	巢湖	储君老师	E	72	58	4,176
22	2011年5月14日	六安	洪七公	F	164	90	14,760

图 3-16

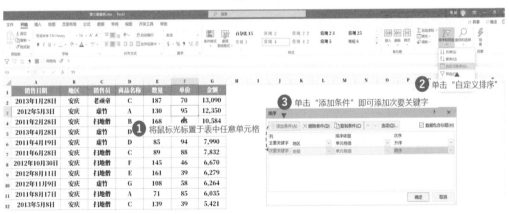

图 3-17

如果数据表格中含有多个颜色，则还可以进行多个颜色的排序。例如把有相应颜色标注的数据放到表格顶端位置，先将鼠标光标置于表中任意单元格中，单击"开始"选项卡中的"排序和筛选"—"自定义排序"命令，弹出"排序"对话框，然后的具体操作如图 3-18所示。

	A	B	C	D	E	F	G	H I J K L M N O P Q
1	销售日期	地区	销售员	商品名称	数量	单价	金额	
2	2011年3月5日	马鞍山	黄老邪	C	196	37	7,252	
3	2011年4月4日	巢湖	储君老师	F	164	41	6,724	
4	2011年2月18日	滁州	独孤求败	A	144	13	1,872	
5	2011年3月25日	六安	杨过	D	171	85	14,535	
6	2011年2月3日	六安	杨过	A	196	52	10,192	
7	2011年2月8日	合肥	郭靖	B	182	19	3,458	
8	2011年2月13日	巢湖	储君老师	A	67	91	6,097	
9	2011年2月23日	巢湖	老顽童	B	101	46	4,646	
10	2011年2月28日	安庆	扫地僧	B	168	63	10,584	
11	2011年3月10日	六安	乔峰	C	133	53	7,049	

图 3-18

3.2.2 自定义排序

有的时候，要排序的数据是没有特定规则的，这时可以创建自定义的序列来帮助排序。比如，公司有4个部门，顺序是总裁办、财务部、人事部和销售部。要让数据按照部门排序，可以自定义序列，操作如图 3-19所示。

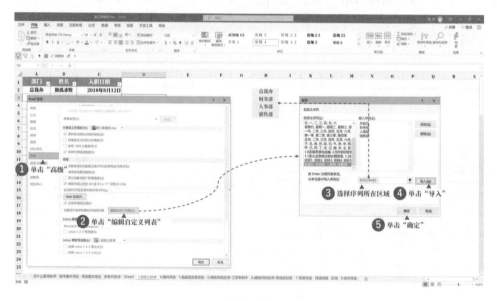

图 3-19

当建立了自定义序列之后，利用填充柄，可以快速生成自定义的序列。比如输入"总裁办"，向下拖动填充柄，就会自动出现"财务部""人事部""销售部"。利用这个功能，还可以按照前面介绍的方法制定26个英文字母的自定义序列，方便日后使用。

3.2.3　横向筛选

在Excel中进行筛选时，都是竖向筛选，假如表格是横着的，怎么办？比如图3-20所示的表格，想要按照工资高低排序，这时候就要用到行列转置功能了。把横向的表格转换成竖向的表格，问题就解决了。

费用项目	1月	2月	3月	4月	5月	6月
工资	1,000	8,924	8,595	5,952	8,685	7,642
福利费	19,443	6,224	14,779	14,238	8,684	7,117
差旅费	5,029	4,763	10,373	2,615	6,641	19,368
邮电费	14,532	12,120	11,953	5,546	4,821	10,193
办公费	18,787	3,267	3,775	4,438	16,396	15,686

图 3-20

方法一：选择性粘贴转置。具体操作见图 3-21。

图 3-21

但是这个方法有一个小缺点，即原始数据发生变化后，转置的表格不能自动发生变化，这时候就要用到第二种方法了。

方法二：函数转置。使用TRANSPOSE函数可以把表格区域进行行列转换。既然是公式，当原表发生变化时，公式结果当然也会跟着变化。具体操作见图 3-22。

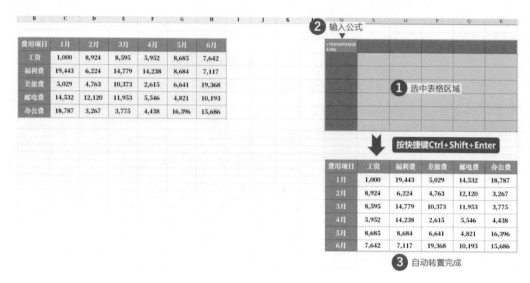

图 3-22

高手思维—问题转换

在Excel表格中，便于分析和计算的数据一般都是纵向排列的。当我们遇到横向排列的数据时，简单转换一下数据，就可以把问题从"如何横向筛选"变成"如何把表格从横向转换为纵向"。这样一来，问题就变得简单多了。

3.2.4 数据透视表筛选

在正常情况下，如果生成了数据透视表，则不可以直接在数据透视表中对数据进行筛选，但是可以利用一个几乎可以称之为Bug的操作，在数据透视表中也能添加筛选。具体操作见图 3-23。

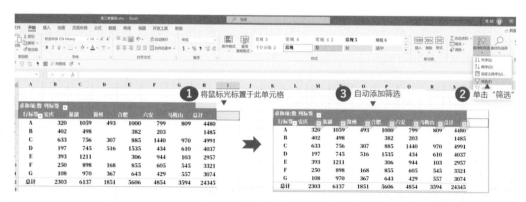

图 3-23

3.3 巧用辅助列解决复杂问题

辅助列是帮助我们达成特定目的的数据列。在一般情况下，辅助列都是被添加在数据区域旁边的。常见的辅助列有自然数递增数列、固定的常数数列等。

利用辅助列，可以实现很多实用的效果，比如利用递增辅助列可以记录原始数据的顺序。这样一来，就算对原始数据进行了很多排序和筛选操作，只要对辅助列进行升序排列，就能让数据瞬间恢复到原来的顺序。

3.3.1 轻松制作工资条

在制作工资条时，通常需要把标题行和具体人员一一对应，形成如图 3-24所示的样式。

	A	B	C	D	E	F	G	H	I
1	姓名	基础工资	岗位工资	提成工资	考核工资	补助	考勤	服装	应发合计
2	郭靖	3530	820	560	420	790	540	550	7210
3	姓名	基础工资	岗位工资	提成工资	考核工资	补助	考勤	服装	应发合计
4	老顽童	3360	240	420	990	40	380	590	6020
5	姓名	基础工资	岗位工资	提成工资	考核工资	补助	考勤	服装	应发合计
6	睹君老师	3290	170	120	850	820	910	260	6420
7	姓名	基础工资	岗位工资	提成工资	考核工资	补助	考勤	服装	应发合计
8	黄老邪	3970	730	820	420	160	470	830	7400
9	姓名	基础工资	岗位工资	提成工资	考核工资	补助	考勤	服装	应发合计
10	黄蓉	3030	450	920	350	590	690	900	6930
11	姓名	基础工资	岗位工资	提成工资	考核工资	补助	考勤	服装	应发合计
12	独孤求败	3700	900	600	120	80	770	220	6390
13	姓名	基础工资	岗位工资	提成工资	考核工资	补助	考勤	服装	应发合计
14	张三丰	3860	170	210	880	240	790	790	6940
15	姓名	基础工资	岗位工资	提成工资	考核工资	补助	考勤	服装	应发合计
16	段誉	3440	850	920	450	220	690	360	6930
17	姓名	基础工资	岗位工资	提成工资	考核工资	补助	考勤	服装	应发合计
18	洪七公	4000	880	230	100	160	900	210	6480
19	姓名	基础工资	岗位工资	提成工资	考核工资	补助	考勤	服装	应发合计
20									

图 3-24

但是原始数据往往是如图3-25所示的表格，如果一个个地复制及粘贴数据，则效率非常低。

	A	B	C	D	E	F	G	H	I
1	姓名	基础工资	岗位工资	提成工资	考核工资	补助	考勤	服装	应发合计
2	郭靖	3530	820	560	420	790	540	550	7210
3	老顽童	3360	240	420	990	40	380	590	6020
4	睹君老师	3290	170	120	850	820	910	260	6420
5	黄老邪	3970	730	820	420	160	470	830	7400
6	黄蓉	3030	450	920	350	590	690	900	6930
7	独孤求败	3700	900	600	120	80	770	220	6390
8	张三丰	3860	170	210	880	240	790	790	6940
9	段誉	3440	850	920	450	220	690	360	6930
10	洪七公	4000	880	230	100	160	900	210	6480

图 3-25

这时候就要让辅助列登场了。添加辅助列后，结合排序和筛选功能，可以轻松完成工资表的制作。具体操作步骤如图 3-26和图 3-27所示。

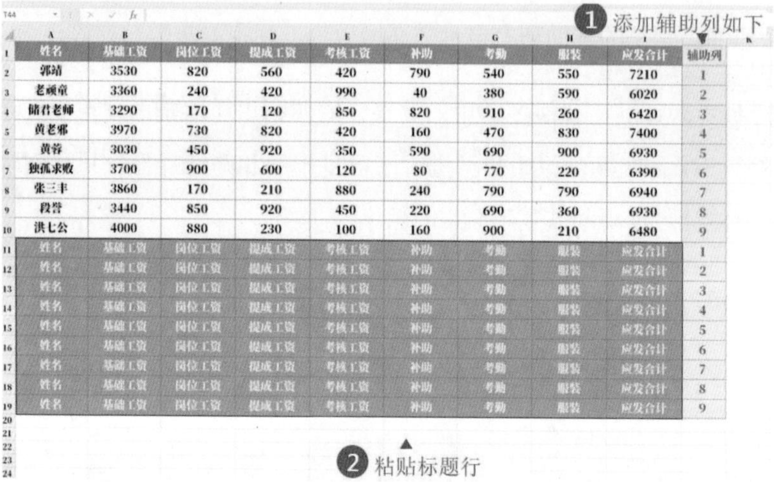

姓名	基础工资	岗位工资	提成工资	考核工资	补助	考勤	服装	应发合计	辅助列
郭靖	3530	820	560	420	790	540	550	7210	1
老顽童	3360	240	420	990	40	380	590	6020	2
储君老师	3290	170	120	850	820	910	260	6420	3
黄老邪	3970	730	820	420	160	470	830	7400	4
黄蓉	3030	450	920	350	590	690	900	6930	5
独孤求败	3700	900	600	120	80	770	220	6390	6
张三丰	3860	170	210	880	240	790	790	6940	7
段誉	3440	850	920	450	220	690	360	6930	8
洪七公	4000	880	230	100	160	900	210	6480	9
姓名	基础工资	岗位工资	提成工资	考核工资	补助	考勤	服装	应发合计	1
姓名	基础工资	岗位工资	提成工资	考核工资	补助	考勤	服装	应发合计	2
姓名	基础工资	岗位工资	提成工资	考核工资	补助	考勤	服装	应发合计	3
姓名	基础工资	岗位工资	提成工资	考核工资	补助	考勤	服装	应发合计	4
姓名	基础工资	岗位工资	提成工资	考核工资	补助	考勤	服装	应发合计	5
姓名	基础工资	岗位工资	提成工资	考核工资	补助	考勤	服装	应发合计	6
姓名	基础工资	岗位工资	提成工资	考核工资	补助	考勤	服装	应发合计	7
姓名	基础工资	岗位工资	提成工资	考核工资	补助	考勤	服装	应发合计	8
姓名	基础工资	岗位工资	提成工资	考核工资	补助	考勤	服装	应发合计	9

图 3-26

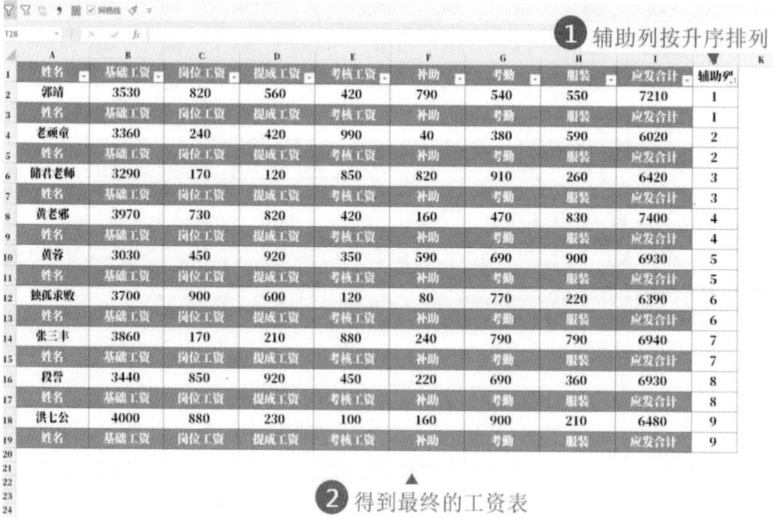

姓名	基础工资	岗位工资	提成工资	考核工资	补助	考勤	服装	应发合计	辅助列
郭靖	3530	820	560	420	790	540	550	7210	1
姓名	基础工资	岗位工资	提成工资	考核工资	补助	考勤	服装	应发合计	1
老顽童	3360	240	420	990	40	380	590	6020	2
姓名	基础工资	岗位工资	提成工资	考核工资	补助	考勤	服装	应发合计	2
储君老师	3290	170	120	850	820	910	260	6420	3
姓名	基础工资	岗位工资	提成工资	考核工资	补助	考勤	服装	应发合计	3
黄老邪	3970	730	820	420	160	470	830	7400	4
姓名	基础工资	岗位工资	提成工资	考核工资	补助	考勤	服装	应发合计	4
黄蓉	3030	450	920	350	590	690	900	6930	5
姓名	基础工资	岗位工资	提成工资	考核工资	补助	考勤	服装	应发合计	5
独孤求败	3700	900	600	120	80	770	220	6390	6
姓名	基础工资	岗位工资	提成工资	考核工资	补助	考勤	服装	应发合计	6
张三丰	3860	170	210	880	240	790	790	6940	7
姓名	基础工资	岗位工资	提成工资	考核工资	补助	考勤	服装	应发合计	7
段誉	3440	850	920	450	220	690	360	6930	8
姓名	基础工资	岗位工资	提成工资	考核工资	补助	考勤	服装	应发合计	8
洪七公	4000	880	230	100	160	900	210	6480	9
姓名	基础工资	岗位工资	提成工资	考核工资	补助	考勤	服装	应发合计	9

图 3-27

高手思维——问题转换

添加辅助列是Excel中一个特殊的技巧，它的特点是跳出表格本身来看问题，思考的角度不局限在表格内，而是可以利用Excel的其他功能来辅助解决问题，是一种非常重要的思维方式。

3.3.2　筛选后粘贴数值

现在有一个部门的销售提成总表，如何把图 3-28 右侧表格中的数据一一对应粘贴到左侧表格中，并且不改变左侧表格的顺序？

	部门	姓名	提成					部门	姓名	提成
2	销售2部	李1						销售2部	李1	668
3	销售3部	王5						销售2部	李2	953
4	销售1部	张3						销售2部	李3	160
5	销售2部	李2						销售2部	李4	536
6	销售1部	张1						销售2部	李5	876
7	销售3部	李3								
8	销售1部	张4								
9	销售3部	王3								
10	销售3部	王4								
11	销售1部	张2								
12	销售1部	张5								
13	销售2部	李4								
14	销售2部	李5								
15	销售3部	王1								
16	销售3部	王2								

图 3-28

这时候也需要利用辅助列。具体操作见图 3-29。

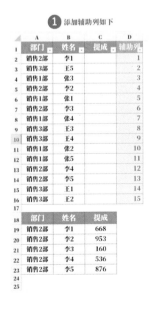

❶ 添加辅助列如下

	部门	姓名	提成	辅助列
2	销售2部	李1		1
3	销售3部	王5		2
4	销售1部	张3		3
5	销售2部	李2		4
6	销售1部	张1		5
7	销售3部	李3		6
8	销售1部	张4		7
9	销售3部	王3		8
10	销售3部	王4		9
11	销售1部	张2		10
12	销售1部	张5		11
13	销售2部	李4		12
14	销售2部	李5		13
15	销售3部	王1		14
16	销售3部	王2		15

	部门	姓名	提成
19	销售2部	李1	668
20	销售2部	李2	953
21	销售2部	李3	160
22	销售2部	李4	536
23	销售2部	李5	876

❷ 按姓名升序排列后，粘贴提成数据

	部门	姓名	提成	辅助列
2	销售2部	李1	668	1
3	销售2部	李2	953	4
4	销售3部	李3	160	6
5	销售2部	李4	536	12
6	销售2部	李5	876	13
7	销售3部	王1		14
8	销售3部	王2		15
9	销售3部	王3		8
10	销售3部	王4		9
11	销售3部	王5		2
12	销售1部	张1		5
13	销售1部	张2		10
14	销售1部	张3		3
15	销售1部	张4		7
16	销售1部	张5		11

	部门	姓名	提成
19	销售2部	李1	668
20	销售2部	李2	953
21	销售2部	李3	160
22	销售2部	李4	536
23	销售2部	李5	876

❸ 按辅助列升序排列，还原表格原始顺序

	部门	姓名	提成	辅助列
2	销售2部	李1	668	1
3	销售3部	王5		2
4	销售1部	张3		3
5	销售2部	李2	953	4
6	销售1部	张1		5
7	销售3部	李3	160	6
8	销售1部	张4		7
9	销售3部	王3		8
10	销售3部	王4		9
11	销售1部	张2		10
12	销售1部	张5		11
13	销售2部	李4	536	12
14	销售2部	李5	876	13
15	销售3部	王1		14
16	销售3部	王2		15

	部门	姓名	提成
19	销售2部	李1	668
20	销售2部	李2	953
21	销售2部	李3	160
22	销售2部	李4	536
23	销售2部	李5	876

图 3-29

3.4　高级筛选的用法

在正常情况下，如果要进行多条件筛选，则可能需要操作很多次，但是如果能够利用高级筛选功能，则可以一次性地完成较为复杂的筛选，而且筛选方式清晰易读。

比如下面的案例，这里需要筛选出销售员为"储君老师""老顽童"和"杨过"的数据，具体操作见图 3-30。

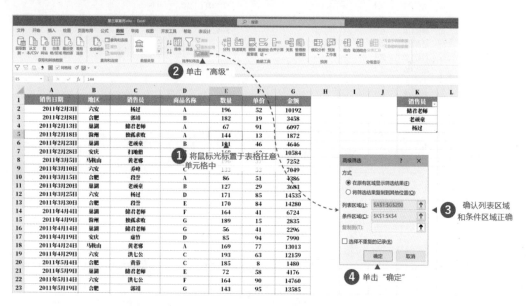

图 3-30

筛选后只会呈现3个选定销售员的数据，见图 3-31。

	A	B	C	D	E	F	G	H	I	J	K
1	销售日期	地区	销售员	商品名称	数量	单价	金额				销售员
2	2011年2月3日	六安	杨过	A	196	52	10192				储君老师
4	2011年2月13日	巢湖	储君老师	A	67	91	6097				杨过
6	2011年2月23日	巢湖	老顽童	B	101	46	4646				
11	2011年3月20日	巢湖	老顽童	B	127	29	3683				
12	2011年3月25日	六安	杨过	D	171	85	14535				
14	2011年4月4日	巢湖	储君老师	F	164	41	6724				
16	2011年4月14日	巢湖	储君老师	G	56	41	2296				
21	2011年5月9日	巢湖	储君老师	E	72	58	4176				
24	2011年5月24日	巢湖	储君老师	A	134	47	6298				

图 3-31

如果在"高级筛选"对话框中勾选"将筛选结果复制到其他位置"单选框，那么会在新的位置呈现筛选结果。利用第2课讲到的录制宏功能，可以轻松实现高级筛选，并将结果复制到指定位置。

当然，还有一种非常高级的筛选方法：利用切片器进行高级筛选，此时需要把普通表格转换成"超智能表格"，在第4课中会详细介绍"超智能表格"。

第4课　超智能表格

对于"超智能表格"，目前业界还没有特别统一的叫法。不过Excel的叫法很一般，竟然叫"表格"（英文是TABLE），和日常我们所使用的"表格"的概念非常容易混淆，而且严重降低这项"神器"的档次，所以笔者自作主张称它为"超智能表格"。超智能表格属于零成本投入，产出效果却不可思议的功能。下面让我们一睹它的风采。

4.1　轻松创建超智能表格

要创建超智能表格，方法有两种：第一种是直接把普通表格转换为超智能表格；第二种是直接建立全新的超智能表格再录入数据。

4.1.1　普通表格一键转换

选中普通表格，单击"开始"选项卡下的"套用表格格式"命令，在打开的下拉列表中任意选择一个格式即可将表格转换成超智能表格，见图4-1。表格转换后最明显的变化就是样式发生了改变，在标题栏中多了筛选按钮，见图4-2。

图 4-1

序号	订购日期	所属区域	产品类别	数量	销售额	成本
1	2016/3/8	广州	文具盒	80	2360	2386
2	2015/9/7	深圳	作业本	200	3837	2979
3	2014/11/19	广州	铅笔	818	10679	8315
4	2016/12/21	北京	作业本	250	1724	1330
5	2017/6/10	广州	橡皮	30	327	331
6	2016/5/22	北京	文具盒	42	519	318
7	2016/8/20	上海	水彩笔	500	5333	4233
8	2016/12/22	深圳	铅笔	150	214	187
9	2016/2/29	深圳	文具盒	208	2808	2421
10	2015/9/23	广州	橡皮	36	403	382
11	2017/7/1	广州	文具盒	18	240	143
12	2015/4/11	广州	作业本	200	2178	1815
13	2014/10/22	上海	铅笔	60	105	104
14	2015/6/24	深圳	文具盒	40	1292	833
15	2014/10/29	深圳	直尺	72	566	466

图 4-2

如果嫌麻烦，还可以在选中原始表格后，按快捷键Ctrl+T，把表格直接转换成超智能表格。

4.1.2 创建全新超智能表格

如果表格中还没有数据，则直接单击"插入"选项卡下的"表格"命令，也可以创建超智能表格，之后直接编辑和录入数据就可以了。

超智能表格的创建非常简单，但是你可能觉得表格除变得好看一点外，没什么变化。千万不要以为漂亮就不是"实力派"。超智能表格就是"明明可以靠颜值，但是非要拼才华"的典型功能。

4.2 自动固定标题行

对普通表格来说，如果想要固定标题行，则需要使用"冻结窗格"命令，但是每次都要单击好几次，比较麻烦。如果使用超智能表格，则在默认情况下，往下拖曳鼠标时，顶部的标题行不会动，见图 4-3。

序号	订购日期	所属区域	产品类别	数量	销售额	成本	单价		标题显示在这里
7	10	2015/9/23	广州	橡皮	36	403	382	11.19	
8	11	2017/7/1	广州	文具盒	18	240	143	13.33	
9	12	2015/4/11	广州	作业本	200	2178	1815	10.89	
10	7	2016/8/20	上海	水彩笔	500	5333	4233	10.67	
11	13	2014/10/22	上海	铅笔	60	105	104	1.75	
12	2	2015/9/7	深圳	作业本	200	3837	2979	19.19	
13	8	2016/12/22	深圳	铅笔	150	214	187	1.43	
14	9	2016/2/29	深圳	文具盒	208	2808	2421	13.50	
15	14	2015/6/24	深圳	文具盒	40	1292	833	32.30	
16	15	2014/10/29	深圳	直尺	72	566	466	7.86	
17	汇总				15	818	2172.33	26243	

图 4-3

这样就再也不用担心在查看表格下面时，不知道数据对应的是哪个变量了。而且是全自动的，不需要任何额外操作。

4.3 快速删除重复值

通过超智能表格，还可以快速删除表格中的重复数值。对某些特定场景下，此功能可以说是非常实用了，例如下面的例子，见图 4-4。

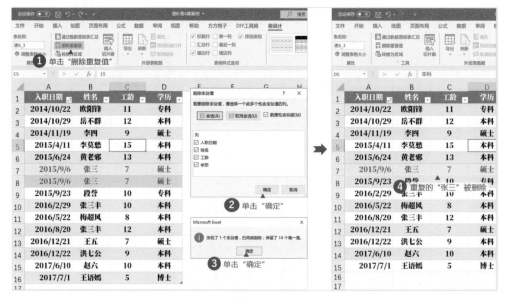

图 4-4

上述操作可以删除完全重复的数据行，但有的时候，数据行并不是完全重复的，比如在上面案例中张三丰就有两条记录，其中入职日期和工龄都不一样。如果只要是姓名重复就删除，则此时需要在"删除重复值"对话框中只勾选"姓名"。这样只要姓名相同的记录，就会只保留第一条记录，见图4-5。

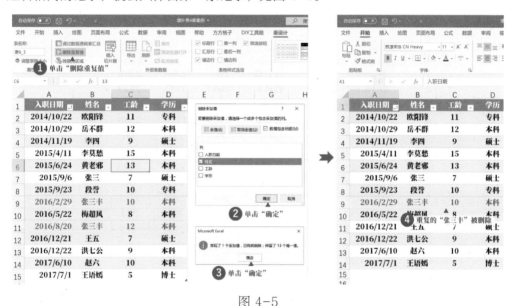

图 4-5

TIPS：在使用这种删除重复数值的方式时，需要特别谨慎，因为保留的是第一次出现的数值，不一定就是想要的数值，而且也有可能出现同名的情况。

4.4 快速汇总

顾名思义，快速汇总就是快速地建立数值的汇总。在通常情况下，如果要建立数值汇总行，就需要用SUM函数，这样操作起来有一点麻烦，而且汇总的方式只能是求和。如果需要其他汇总方式，比如求平均值、最大值、最小值等，就需要使用另外的函数。

而这些对超智能表格来说，完全是小菜一碟。具体操作方式见图4-6。

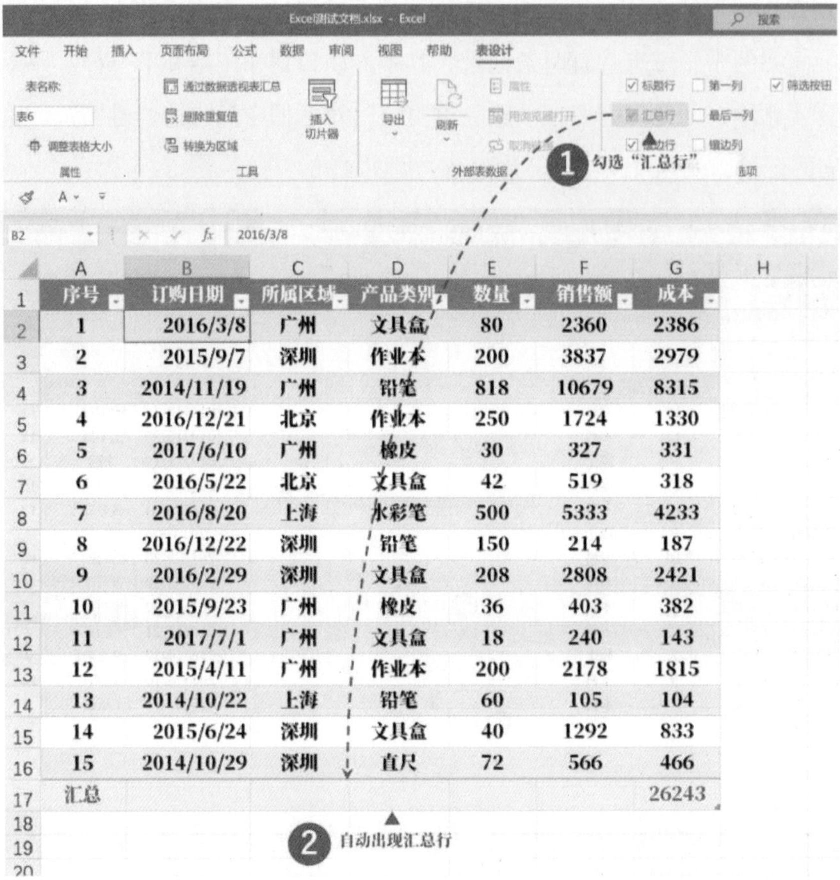

图 4-6

建立好汇总行之后，只需要单击汇总行中的单元格，就可以随意选择平均值、计数、最大值、最小值等汇总方式，甚至还可以计算标准差和方差，一步到位，简单快捷，见图 4-7。

	A	B	C	D	E	F	G
1	序号	订购日期	所属区域	产品类别	数量	销售额	成本
2	1	2016/3/8	广州	文具盒	80	2360	2386
3	2	2015/9/7	深圳	作业本	200	3837	2979
4	3	2014/11/19	广州	铅笔	818	10679	8315
5	4	2016/12/21	北京	作业本	250	1724	1330
6	5	2017/6/10	广州	橡皮	30	327	331
7	6	2016/5/22	北京	文具盒	42	519	318
8	7	2016/8/20	上海	水彩笔	500	5333	4233
9	8	2016/12/22	深圳	铅笔	150	214	187
10	9	2016/2/29	深圳	文具盒	208	2808	2421
11	10	2015/9/23	广州	橡皮	36	403	382
12	11	2017/7/1	广州	文具盒	18	240	143
13	12	2015/4/11	广州	作业本	200	2178	1815
14	13	2014/10/22	上海	铅笔	60	105	104
15	14	2015/6/2		单击汇总行中的单元格，可以选择不同汇总方式			
16	15	2014/10/29	深圳	直尺	▼72	566	466
17	汇总			15	818	2172.333	26243

图 4-7

超智能表格的汇总行非常智能，它会随着数据的筛选而自动变化。比如当筛选出"北京"地区的数据时，汇总行会只统计筛选后的数据，见图 4-8。

	A	B	C	D	E	F	G	H
1	序号	订购日期	所属区域	产品类别	数量	销售额	成本	单价
2	4	2016/12/21	北京	作业本	250	1724	1330	6.90
3	6	2016/5/22	北京	文具盒	42	519	318	12.36
17	汇总				2	250	1121.5	1648
18								

图 4-8

超智能表格的汇总行始终在最末行。对表格中的数据进行重新排序也不会影响汇总行的位置。比如当按照地区进行升序排列时，汇总行仍然在最末行，见图 4-9。

序号	订购日期	所属区域	按所属地区升序，汇总行位置不变				单价
4	2016/12/21	北京	作业本	250	1724	1330	6.90
6	2016/5/22	北京	文具盒	42	519	318	12.36
1	2016/3/8	广州	文具盒	80	2360	2386	29.50
3	2014/11/19	广州	铅笔	818	10679	8315	13.06
5	2017/6/10	广州	橡皮	30	327	331	10.90
10	2015/9/23	广州	橡皮	36	403	382	11.19
11	2017/7/1	广州	文具盒	18	240	143	13.33
12	2015/4/11	广州	作业本	200	2178	1815	10.89
7	2016/8/20	上海	水彩笔	500	5333	4233	10.67
13	2014/10/22	上海	铅笔	60	105	104	1.75
2	2015/9/7	深圳	作业本	200	3837	2979	19.19
8	2016/12/22	深圳	铅笔	150	214	187	1.43
9	2016/2/29	深圳	文具盒	208	2808	2421	13.50
14	2015/6/24	深圳	文具盒	40	1292	833	32.30
15	2014/10/29	深圳	直尺	72	566	466	7.86
汇总			15	818	2172.33	26243	

图 4-9

4.5 动态筛选

4.4节介绍了超智能表格的筛选功能，读者可能会说，普通的表格也可以添加筛选，为什么一定要用超智能表格来操作？因为超智能表格有一个"大杀器"，叫作"切片器"，利用这个功能，可以实现复杂的动态筛选，具体操作见图4-10。

图 4-10

在"地区"切片器中单击"巢湖"字段，在"销售员"切片器中单击"储君老师"字段，源数据表会自动完成筛选，见图 4-11。

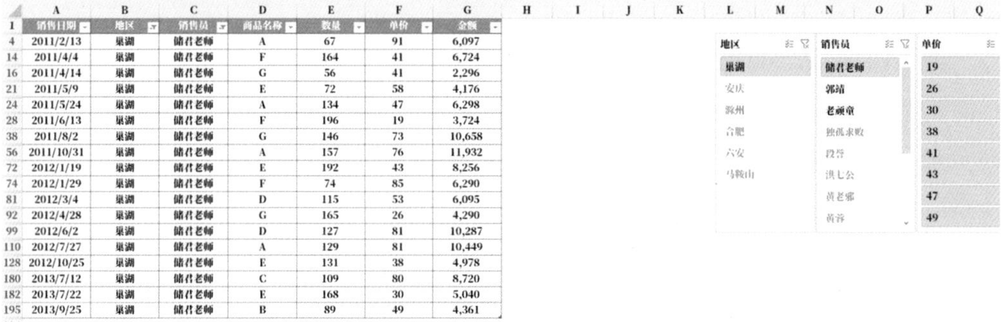

图4-11

如果想要清除筛选，再单击切片器右上角的"清除筛选"按钮，即可还原表格。利用切片器，可以让原本需要多次的操作大幅简化，还能让操作变得一目了然，绝对是动态筛选的利器。

4.6 自动生长

自动生长这个功能很有趣。只要在超智能表格外录入数据，系统就会自动识别，并扩展超智能表格的范围。这个功能的好处很明显：不用在每次增加数据时都重新建立超智能表格，而且超智能表格的所有属性同样适用于新增的行/列，见图 4-12。

图 4-12

更有趣的是，如果是普通表格，则需要手工填充公式，但是在超智能表格中，只需要输入一次公式，公式就会被自动填充到其他需要填充的地方。如果输入了新数据，则表格也会自动计算好。

公式会自动用字段的名称来表示参数，让我们一下子就能明白公式的计算方法，见图 4-13。

D	E	F	G	H
产品类别	数量	销售额	成本	单价
文具盒	80	2360	2386	=[@销售额]/[@数量]
作业本	200	3837	2970	
铅笔	818	10679	8370	
作业本	250	1724	1330	
橡皮	30	327	331	
文具盒	42	519	318	
水彩笔	500	5333	4233	
铅笔	150	214	187	
文具盒	208	2808	2421	
橡皮	36	403	382	
文具盒	18	240	143	
作业本	200	2178	1815	
铅笔	60	105	104	
文具盒	40	1292	833	
直尺	72	566	466	
15	818	2172.333	26243	

① 输入公式后，按Enter键

H
单价
29.50
19.19
13.06
6.90
10.90
12.36
10.67
1.43
13.50
11.19
13.33
10.89
1.75
32.30
7.86

② 公式自动扩充

图 4-13

建议读者在使用Excel时，直接使用超智能表格。只要一个简单的操作，不但汇总、筛选数据的问题解决了，而且会给日后的统计分析工作带来巨大的便利。

高手思维——简单就是极致的复杂

在Excel中，超智能表格往往被新手所忽略，其实它可以将复杂的功能简化，对一些简单的数据汇总、筛选等常用需求来说，完全不需要调动数据透视表等高阶工具。

第5课　查找和替换的不同玩法

说到查找和替换功能，估计读者都对其有所了解。用好了查找和替换功能，可以让数据处理工作事半功倍。下面先来看查找和替换的基础用法。

5.1　查找和替换的基础用法

想要调出"查找和替换"对话框，有两种方法。第一种方法是命令法，具体操作见图 5-1。

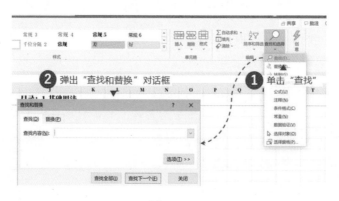

图 5-1

第二种方法是快捷键法。按快捷键Ctrl+F（辅助记忆：F=FIND）可以直接弹出"查找"对话框。按快捷键Ctrl+H（辅助记忆：H=换），可以直接弹出"替换"对话框。

比如在下面的案例中，要查找表格中的"储君老师"，具体操作见图 5-2。

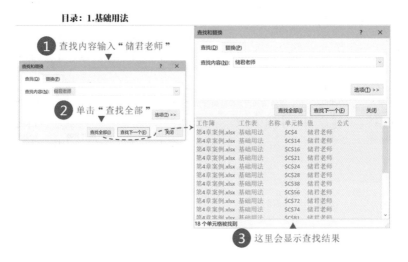

图 5-2

如果要把表格中的"储君老师"替换成"储君",则具体操作方法见图 5-3。

	A	B	C	D	E	F	G	H	I	J	K	L
1	销售日期	地区	销售员	商品名称	数量	单价	金额			目录:1.基础用法		
2	2011年2月3日	六安	杨过	A	196	52	10,192					
3	2011年2月8日	合肥	郭靖	B	182	19	3,458					
4	2011年2月13日	巢湖	储君老师	A	67	91	6,097					
5	2011年2月18日	滁州	独孤求败	A	144	13	1,872					
6	2011年2月23日	巢湖	老顽童	B	101	46	4,646					
7	2011年2月28日	安庆	扫地僧	B	168	63	10,584					
8	2011年3月5日	马鞍山	黄老邪	C	196	37	7,252					
9	2011年3月10日	六安	乔峰	C	133	53	7,049					
10	2011年3月15日	合肥	段誉	A	86	51	4,386					
11	2011年3月20日	巢湖	老顽童	B	127	29	14,535					
12	2011年3月25日	六安	杨过	D	171	85	14,535					
13	2011年3月30日	合肥	段誉	E	170	84	14,280					
14	2011年4月4日	巢湖	储君老师	F	164	41	6,724					
15	2011年4月9日	滁州	独孤求败	G	189	15	2,835					
16	2011年4月14日	巢湖	储君老师	G	56	41	2,296					
17	2011年4月19日	安庆	虚竹	D	85	94	7,990					
18	2011年4月24日	马鞍山	黄老邪	A	169	77	13,013					
19	2011年4月29日	六安	洪七公	C	193	63	12,159					
20	2011年5月4日	合肥	黄蓉	C	185	8	1,480					
21	2011年5月9日	巢湖	储君老师	E	72	58	4,176					
22	2011年5月14日	六安	洪七公	F	164	90	14,760					

图 5-3

5.2 模糊和精确查找

其实Excel默认的查找是模糊查找,比如输入"张",查找功能会把表格中所有包含"张"的单元格全部查找出来。利用这个特性,可以批量替换单元格中的一部分字符串。

比如想要把表格中姓张的人都改成姓李，就可以进行如图5-4所示的操作。

图 5-4

还有一种特殊的情况：我们经常会从网页或者其他地方复制或者导入表格，导入的表格中包含了很多的空格，会让人比较头疼。利用替换功能可以一次性将空格全部清除。具体操作见图 5-5。

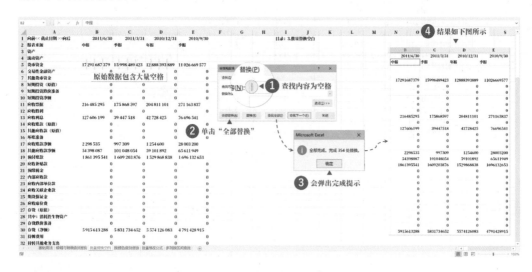

图 5-5

但是问题来了，如果想要精确查找应该怎么办？比如在下面的例子中，要精确查找数值为"0"的单元格，按照上面的方法肯定不行。可以进行如图 5-6 所示的操作。

销售员	销售额
李三	6,600
郭靖	6,400
小龙女	0
李无忌	3,200
储君老师	7,800

图 5-6

5.3 按颜色查找和替换

有时，要查找的值并没有什么规律，但是用特定的颜色进行了标注，这种也能查找吗？当然可以！

比如在下面的表格中，这里用黄色标注了一些单元格，如果想要批量替换黄色的底色为绿色的底色，则具体操作见图 5-7 和图 5-8。

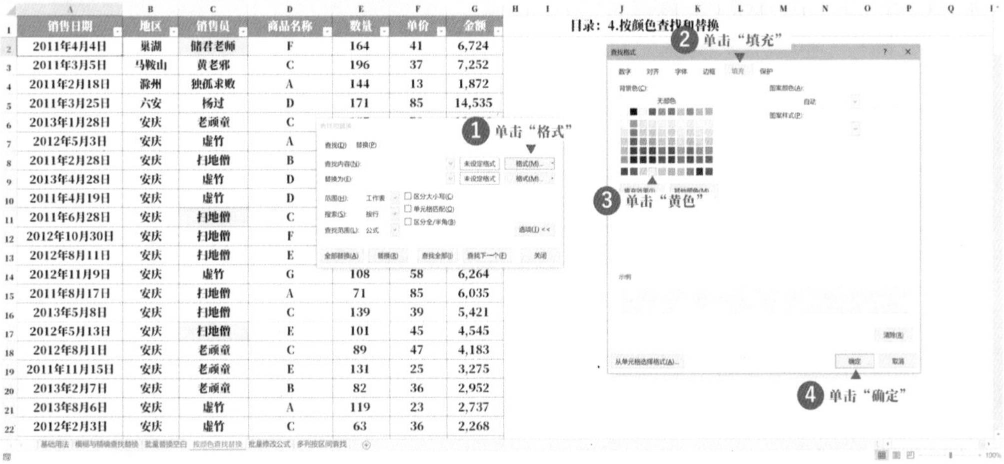

图 5-7

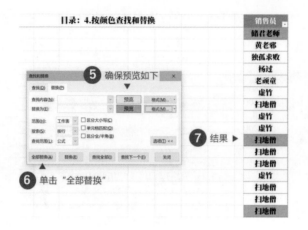

图 5-8

说到这里，细心的读者还会发现，按格式查找/替换并不局限于填充颜色，还可以是特定字体、特定边框等。其他的用法读者可以自己探索。

如果不想按特定格式查找，则可以单击"格式"旁边的下拉按钮。在弹出的菜单中单击"清除查找格式"命令，在弹出的对话框中进行设置即可，见图 5-9。

图 5-9

5.4 查找整个工作簿

什么是工作簿？可以将其简单理解为就是一个Excel文件。在一个Excel文件中可以包含多个工作表。查找和替换操作默认是在当前工作表中进行的。如何才能查找整个工作簿中的特定数据呢？其实很简单，比如要查找整个工作簿中的"储君老师"，只需要在"查找和替换"对话框中进行如图 5-10所示的操作。

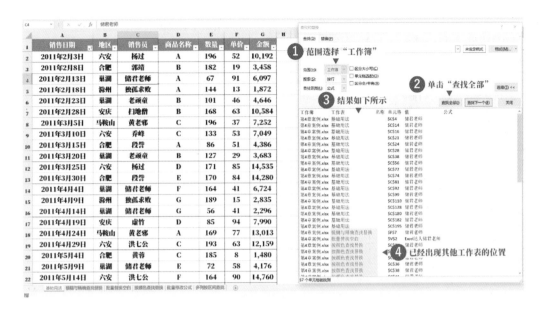

图 5-10

同样，如果要精确替换整个工作簿中的"储君老师"为"储君"，则可以进行图5-11所示的操作。

图 5-11

5.5 轻松制作目录

如果一份Excel文件中包含的工作表很多，在跳转到不同工作表时就会很麻烦。可以利用查找功能制作一份"工作表目录"。在制作之前需要做一些准备工作。先在所有工作表中的特定位置（比如A1单元格），按照"目录：工作表名称"的格式输入工作表名称。接下来就可以进行如图 5-12所示的操作。

销售日期	地区	销售员	商品名称	数量	单价	金额
2011年2月3日	六安	杨过	A	196	52	10,192
2011年2月8日	合肥	郭靖	B	182	19	3,458
2011年2月13日	巢湖	储君老师	A	67	91	6,097
2011年2月18日	滁州	独孤求败	A	144	13	1,872
2011年2月23日	巢湖	老顽童	B	101	46	4,646
2011年2月28日	安庆	扫地僧	B	168	63	10,584
2011年3月5日	马鞍山	黄老邪	C	196	37	7,252
2011年3月10日	六安	乔峰	C	133	53	7,049
2011年3月15日	合肥	段誉	A	86	51	4,386
2011年3月20日	巢湖	老顽童	B	127	29	3,683
2011年3月25日	六安	杨过	D	171	85	14,535
2011年3月30日	合肥	段誉	E	170	84	14,280
2011年4月4日	巢湖	储君老师	F	164	41	6,724
2011年4月9日	滁州	独孤求败	G	189	15	2,835
2011年4月14日	巢湖	储君老师	G	56	41	2,296
2011年4月19日	安庆	虚竹	D	85	94	7,990
2011年4月24日	马鞍山	黄老邪	A	169	77	13,013
2011年4月29日	六安	洪七公	C	193	63	12,159
2011年5月4日	合肥	黄蓉	C	185	8	1,480
2011年5月9日	巢湖	储君老师	E	72	58	4,176
2011年5月14日	六安	洪七公	F	164	90	14,760

图 5-12

利用Excel的这个功能，可以轻松地跳转到文件中的任意一个工作表了。注意，查找功能和工作表导航功能（详见第1课）不一样的地方在于：利用查找功能可以跳转到指定单元格，适合需要精准定位的场景。

5.6 批量修改公式

因为公式输入是以"="开始的，利用模糊查找功能，只要在"查找内容"文本框处输入"="就可以查到所有的公式。查找到公式后，就可以批量修改某些公式。

比如在下面的案例中，"金额"的计算公式是"=数量1*单价"。如果统一要改为"=数量2*单价"，则只要将公式中的"E"替换为"F"即可。操作见图5-13和图5-14。

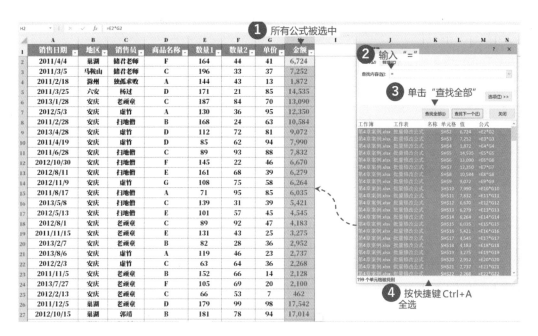

图 5-13

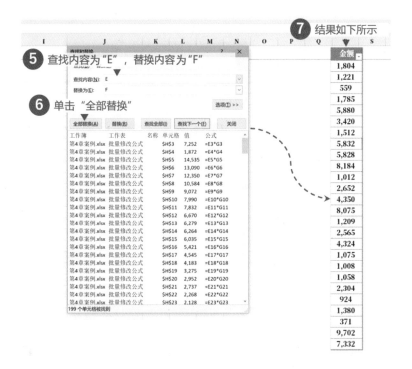

图 5-14

高手思维——批量自动

在此案例中，批量替换的操作大大节省了更改公式的时间，是"批量自动"思维的典型应用。

高手思维——有备无患

同时，要批量修改公式，还可以直接改动第一个公式，然后直接向下拖曳填充柄即可。多掌握一种方法，就可以做到有备无患。

5.7　按区间多列查找

利用查找功能可以实现按区间多列查找。在下面的案例中要把1~6月销售额大于80元的单元格标注黄色。如果用笨办法，则可能要对每一列进行筛选，找出数值在80以上的单元格并进行标注，至少需要操作6次。但是如果利用查找功能来解决，则一次操作就搞定了，具体操作见图 5-15。

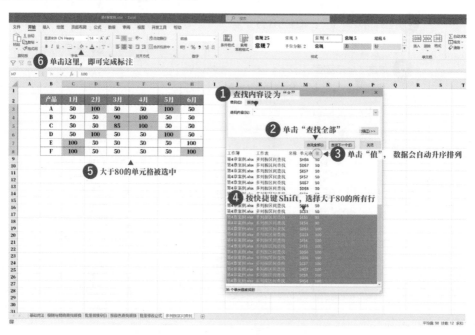

图 5-15

此案例还可以用条件格式来进行标注，在第9课中会详细介绍。

第6课　神奇的定位功能

在操作Excel的过程中，想要定位到指定单元格或者单元格区域，都需要靠鼠标操作。这种方式效率低不说，还无法一次性选择某些特殊的同类型单元格。本课介绍Excel中神奇的"定位"功能。

定位功能，顾名思义，就是根据特定的条件，快速跳转并选中符合条件的位置。在Excel中，特定的位置包括单元格、单元格区域等。定位功能最大的优点是可以根据特定属性来选择不连续的单元格区域，让原本复杂的不连续单元格区域选择瞬间变简单。

6.1　定位的基本用法

6.1.1　快速跳转单元格

通常，当我们想要把鼠标光标定位到某一个单元格中时，只能靠鼠标操作。如果表格中的数据很多，并且单元格的位置非常靠下，那么操作就很麻烦。这时利用定位功能就可以轻松实现。比如，要跳转到G100单元格，可以进行图6-1所示的操作。

图 6-1

如果在单元格中定义了单元格区域的名称，那么利用定位功能也可以快速跳转并选定特定单元格区域。

定位功能不仅能定位到当前工作表，还可以定位到其他工作表，甚至还可以定位到工作簿。比如，要定位到"快速求和"工作表中的A1单元格。在"定位"对话框的"引用位置"文本框中可以输入"'快速求和'！A1"。此格式可以被分为3部分。

● "快速求和'"：工作表名称。

● "！"：引用符号。

● "A1"：单元格位置。

6.1.2 定位批注

有时候，表格中会有很多批注，这些批注分散在不同的地方，如果将其一个个地删除则费时费力。利用定位功能可以一键轻松删除这些批注，具体操作见图 6-2。

6.1.3 定位常量

在数据表中，通常会有两种类型的数值。

一种是常量，即直接输入的固定数值或者字符串，其类型有数字、文本、日期等。常量在不修改数值的情况下是不会变化的。

另一种是通过公式计算后得出的数值，这些数值会根据常量的变化而发生变化。

定位常量的一个典型应用场景是：查找以文本形式存储的数值，这种类型的数值是不参与计算的，会严重影响公式计算结果的准确性。利用定位功能可以找出这些数值。具体操作见图 6-3。

图 6-2

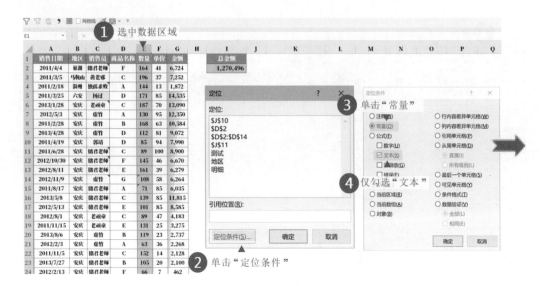

图 6-3

6.1.4 定位公式

当表格中应用了很多公式时，有可能在公式中包含了常量，这会导致后续更新数据时结果错误。定位公式主要用来检查公式是否全部应用，具体操作见图6-4。

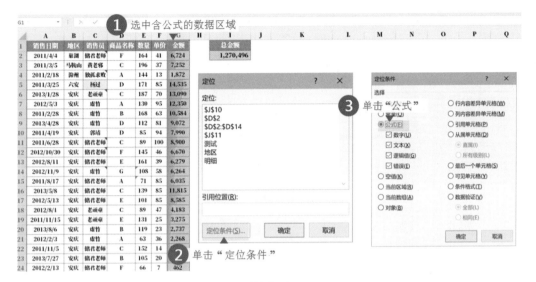

图 6-4

如果发现某些单元格未被选中，则说明可能其中并没有应用公式，此时可以及时发现错误。

TIPS：反过来思考，选中所有应用公式的单元格区域，定位常量，也可以快速找出没有应用公式的单元格。

6.1.5 定位错误值

当数据量很大时，如果原始数据有问题，则可能会导致公式计算出错，但是由于数据量太大，人工检查显然不靠谱。可以利用定位错误值来排查问题，具体操作见图 6-5。

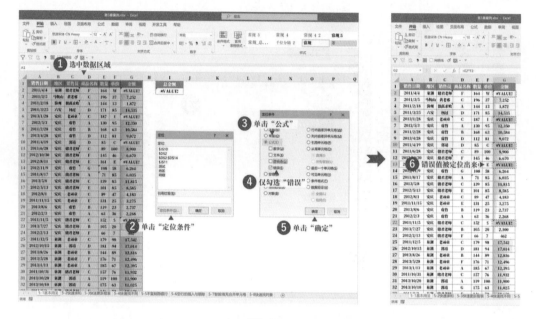

图 6-5

6.1.6　定位条件格式

有的时候，单元格中设定了一些条件格式（比如图6-5所示的数据条），可以方便查看数据，但是在正式打印表格的时候，可以利用定位条件格式来批量去除这些条件格式，具体操作见图 6-6。

6.1.7　定位数据验证

假如你发现在某些单元格中录入数据时总是报错，则很可能是此单元格被设定了数据验证。利用定位数据验证功能，可以找出哪些单元格包含数据验证，并批量清除，具体操作见图 6-7。

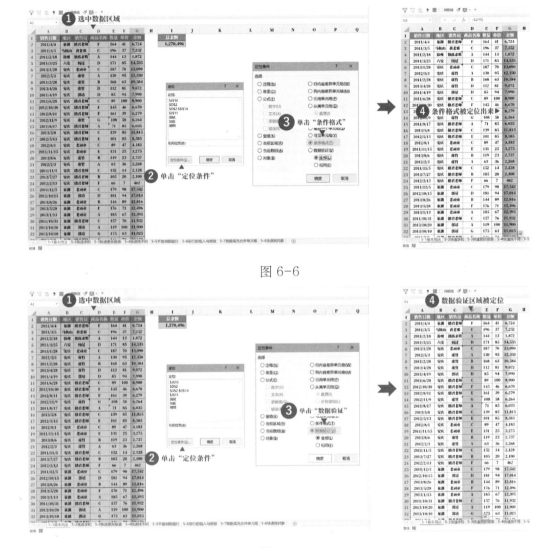

图 6-6

图 6-7

以上就是定位功能的基础用法。下面将结合具体的适用场景介绍定位功能在实际中的用法。

6.2 快速求和

比如在图6-8所示的表格中，如果要对每个小计行进行求和，则普通的方式是输入SUM公式，然后填充。但是一次也只能填充一行。而利用定位功能和快速求和功能，则3秒就可以完成，具体操作见图 6-8。

图 6-8

高手思维——组合提效

"简单是极致的复杂"，上面的案例利用定位功能和Alt+=快捷键，让原本超级烦琐，必须手工处理的求和计算，变得异常简单。这就是两个功能组合使用产生的巨大威力。

高效习惯——常用快捷键

Alt+=是非常好用，也必须要熟记的求和快捷键。在上面的案例中，在各种间隔很远的单元格中一个个地输入公式，效率太低。而使用快捷键则可以"一键完成"，让效率提升上百倍。

6.3 快速更新报表

当我们制作好了如图6-9所示的报表（其中小计行都设定好了公式）想要以后重

复使用时，需要把原始数据一个个地删除吗？使用定位功能就完全不必这样操作，具体操作见图6-9。

图 6-9

是不是超级简单？使用定位功能不但能快捷删除数据，也可以实现精准录入数据，具体操作见图6-10。

图 6-10

TIPS：录入数据小技巧

● 按快捷键Tab，会跳转到左侧单元格。

● 按快捷键Shift+Tab，会跳转到右侧单元格。

● 按快捷键Enter，会跳转到下方单元格。

● 按快捷键Shift+Enter，会跳转到上方单元格。

6.4　快速找不同

你一定会经常遇到这样的场景：需要对比两列数据有没有差异，如果只有十几条数据那还简单，但是我们往往面对的是几百条甚至上千条数据。这时，利用定位功能，可以快速找到数据有差异的单元格，具体操作见图 6-11。

图 6-11

高效习惯——常用快捷键

以上操作还可以用快捷键Ctrl+\来实现，只需要选中需要对比的数据，按快捷键Ctrl+\即可。

6.5　不复制隐藏行

有的时候，我们会对数据会进行筛选，并将筛选后的数据单独复制出来。如果用常规的选择单元格操作方法，则会把所有内容复制出来。利用定位功能，可以只复制可见单元格中的数据，轻松解决难题，具体操作见图 6-12。

高效习惯——常用快捷键

以上操作还可以用快捷键Alt+;来实现，只需要选中筛选后的数据，按快捷键Alt+;即可选中可见数据。

图 6-12

6.6　空行的插入与删除

前面讲了可以使用辅助列制作工资表。其实还可以利用辅助列+定位功能来实现。先插入辅助列，如图 6-13所示。

	A	B	C	D	E	F	G	H	I	J	K
1	姓名	基础工资	岗位工资	提成工资	考核工资	补助	考勤	服装	应发合计	辅助列1	辅助列2
2	郭靖	3530	820	560	420	790	540	550	7210	1	
3	老顽童	3360	240	420	990	40	380	590	6020		1
4	储君老师	3290	170	120	850	820	910	260	6420	2	
5	黄老邪	3970	730	820	420	160	470	830	7400		2
6	黄蓉	3030	450	920	350	590	690	900	6930	3	
7	独孤求败	3700	900	600	120	80	770	220	6390		3
8	张三丰	3860	170	210	880	240	790	790	6940	4	
9	段誉	3440	850	920	450	220	690	360	6930		4
10	洪七公	4000	880	230	100	160	900	210	6480	5	
11											

图 6-13

第一步，在每一条记录下面插入空行，操作见图 6-14。上述操作完成后，表格会被隔行插入空行，见图 6-15。

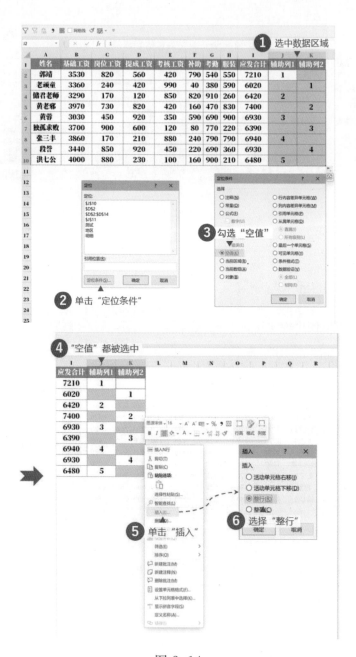

图 6-14

姓名	基础工资	岗位工资	提成工资	考核工资	补助	考勤	服装	应发合计	辅助列1	辅助列2
郭靖	3530	820	560	420	790	540	550	7210	1	
老顽童	3360	240	420	990	40	380	590	6020		1
储君老师	3290	170	120	850	820	910	260	6420	2	
黄老邪	3970	730	820	420	160	470	830	7400		2
黄蓉	3030	450	920	350	590	690	900	6930	3	
独孤求败	3700	900	600	120	80	770	220	6390		3
张三丰	3860	170	210	880	240	790	790	6940	4	
段誉	3440	850	920	450	220	690	360	6930		4
洪七公	4000	880	230	100	160	900	210	6480	5	

图 6-15

第二步，复制标题行中的内容到前面创建的空行内，具体操作见图6-16，结果如图 6-17所示。

图 6-16

	A	B	C	D	E	F	G	H	I	J	K
1	姓名	基础工资	岗位工资	提成工资	考核工资	补助	考勤	服装	应发合计	辅助列1	辅助列2
2	姓名	基础工资	岗位工资	提成工资	考核工资	补助	考勤	服装	应发合计		
3	郭靖	3530	820	560	420	790	540	550	7210	1	
4	姓名	基础工资	岗位工资	提成工资	考核工资	补助	考勤	服装	应发合计		
5	老顽童	3360	240	420	990	40	380	590	6020		1
6	姓名	基础工资	岗位工资	提成工资	考核工资	补助	考勤	服装	应发合计		
7	储君老师	3290	170	120	850	820	910	260	6420	2	
8	姓名	基础工资	岗位工资	提成工资	考核工资	补助	考勤	服装	应发合计		
9	黄老邪	3970	730	820	420	160	470	830	7400		2
10	姓名	基础工资	岗位工资	提成工资	考核工资	补助	考勤	服装	应发合计		
11	黄蓉	3030	450	920	350	590	690	900	6930	3	
12	姓名	基础工资	岗位工资	提成工资	考核工资	补助	考勤	服装	应发合计		
13	独孤求败	3700	900	600	120	80	770	220	6390		3
14	姓名	基础工资	岗位工资	提成工资	考核工资	补助	考勤	服装	应发合计		
15	张三丰	3860	170	210	880	240	790	790	6940	4	
16	姓名	基础工资	岗位工资	提成工资	考核工资	补助	考勤	服装	应发合计		
17	段誉	3440	850	920	450	220	690	360	6930		4
18	姓名	基础工资	岗位工资	提成工资	考核工资	补助	考勤	服装	应发合计		
19	洪七公	4000	880	230	100	160	900	210	6480	5	

▲
"空值"都被选中后，粘贴即可

图 6-17

经过上述操作，删除多余的辅助列和标题行后即可完成工资表的制作，这是工资表制作的第二种思路了，第一种思路请参考3.3节。

6.7 智能填充合并单元格

在Excel数据表中，最让头疼的就是合并单元格了，因为它的存在，可能导致无法筛选数据，无法进行数据透视，所以往往需要将合并单元格拆开。但是通过手工操作，显然不明智。

在图6-18中，"工资级次"是合并单元格，现在要将其拆分。利用定位功能，可以轻松做到智能拆分，具体操作见图 6-19。

	A	B	C	D	E
			工资标准		
					单位：元（税后）/月
3	**工资级次**	**档序**	**标准工资**	**基本工资标准**	**绩效工资标准**
4		1档	7500	3750	3750
5		2档	7400	3700	3700
6	一级	3档	7300	3650	3650
7		4档	7200	3600	3600
8		5档	7100	3550	3550
9		6档	7000	3500	3500
10		1档	6500	3250	3250
11		2档	6400	3200	3200
12	二级	3档	6300	3150	3150
13		4档	6200	3100	3100
14		5档	6100	3050	3050
15		6档	6000	3000	3000
16		1档	5500	2750	2750
17		2档	5400	2700	2700
18	三级	3档	5300	2650	2650
19		4档	5200	2600	2600
20		5档	5100	2550	2550
21		6档	5000	2500	2500
22		1档	4700	2350	2350
23		2档	4600	2300	2300
24	四级	3档	4500	2250	2250
25		4档	4400	2200	2200
26		5档	4300	2150	2150
27		6档	4200	2100	2100
28					

图 6-18

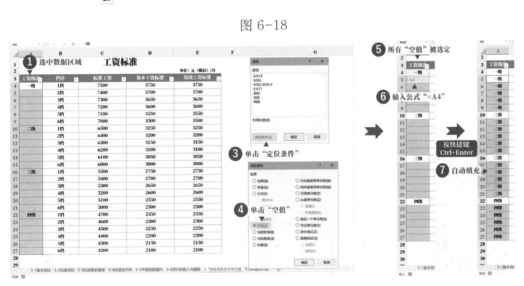

图 6-19

6.8 快速找对象

如果Excel表中有很多图片且分散在各个单元格中，这时想要全部删除，那么可要费一番工夫了。但是利用定位功能，3秒就能搞定，具体操作见图6-20。

图 6-20

如果你并不需要删除所有图片，只是想要减少Excel文件的大小，那么利用定位功能可以选择压缩图片。先选中图片，然后具体操作见图6-21。

图 6-21

压缩图片后，Excel文件的体积瞬间变小了，而图片画质并没有损失多少。

高手思维——批量自动

原本需要一张张单击才能选中的图片，现在利用定位功能就可以一键批量选中。在Excel中，这样的操作会经常出现，所以，当你陷入需要反复做一个简单操作时，多思考，多提问，找到批量自动处理的方法才是王道。

第7课　巧用选择性粘贴

复制和粘贴是最常用的功能，操作也非常简单。通常按快捷键Ctrl+C和Ctrl+V就可以完成复制和粘贴。但是普通的粘贴功能会把复制的单元格中的公式和格式等全部粘贴到目标单元格中。如果想更精准地粘贴，就需要用到粘贴功能的"表亲"——"选择性粘贴"功能。它可以实现很多独特的功能，比如只粘贴数值、只粘贴格式、对数据进行运算等，功能相当强大。

7.1　选择性粘贴的基本用法

7.1.1　粘贴数值

Excel中最常使用的就是公式，如果直接使用普通的粘贴功能，则会自动把公式和格式也粘贴到目标单元格中。特别是在将公式粘贴到目标单元格中时，很有可能让数据错乱。如果使用选择性粘贴中的粘贴数值功能，则可以完美解决这个问题。先复制数据，然后在要粘贴值的单元格内单击鼠标右键，后面的操作步骤见图 7-1。

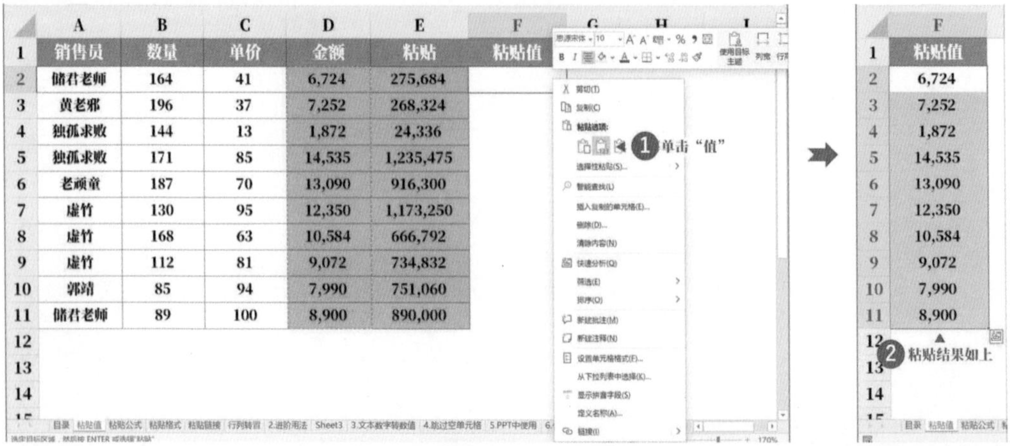

图 7-1

7.1.2 粘贴公式

除粘贴数值外，有的时候我们还想仅粘贴公式而不想要原来的单元格格式，此时可以用选择性粘贴中的粘贴公式功能。不过需要注意的是，此时公式可能会因为单元格位置发生变化而需要重新计算，那么可以按图7-2所示的步骤操作（前提是已经复制了数据）。

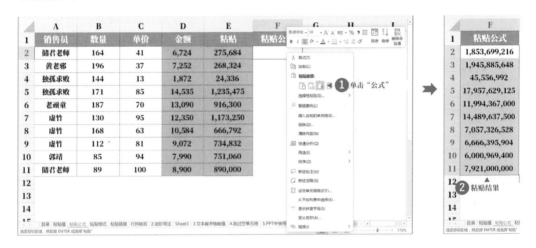

图 7-2

7.1.3 粘贴格式

粘贴格式就是只把单元格中的格式粘贴到目标单元格中，可以将其简单理解为格式刷，具体操作见图 7-3（前提是已经复制了数据）。

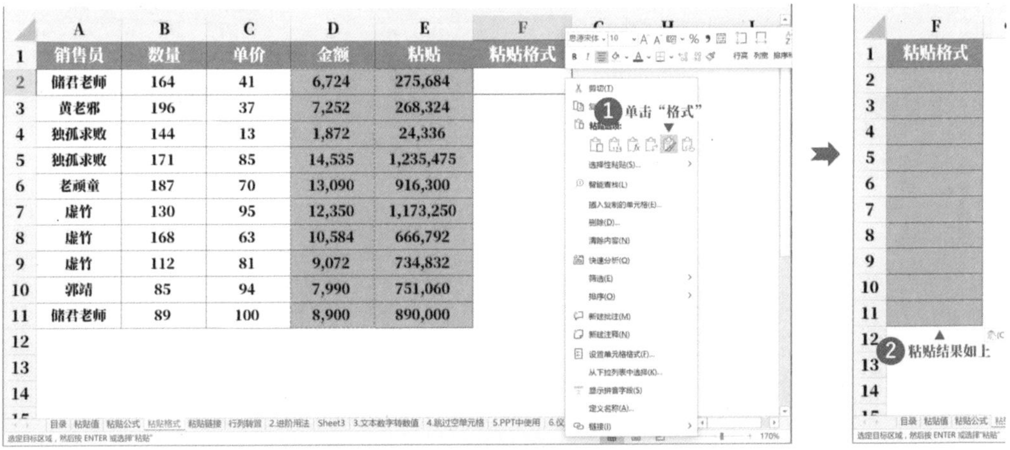

图 7-3

7.1.4 粘贴链接

粘贴链接功能的作用是快速把单元格中的数据引用到目标单元格中，当源数据变动时，粘贴的数据也发生变化。其本质还是引用，当数据区域比较大或者是跨工作表引用时，使用该功能可以实现快速引用，具体操作见图7-4（前提是已经复制了数据）。

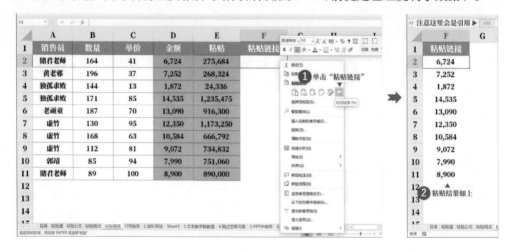

图 7-4

7.1.5 行列转置

行列转置主要是针对二维表格，作用是把行和列互换。比如图7-5所示的这个成绩表看着比较别扭，可以用选择性粘贴中的转置功能来调整，具体操作见图7-5（前提是已经复制了数据）。

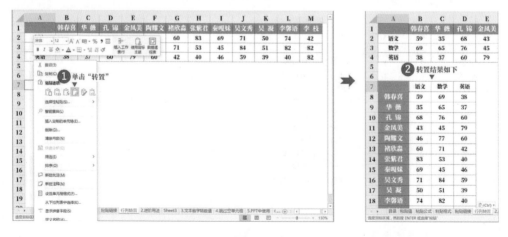

图 7-5

7.2　选择性粘贴的进阶用法

7.2.1　粘贴时进行运算

选择性粘贴功能还有一个非常有趣的用法，即可以在粘贴数据的时候进行简单的运算。比如在图7-6所示的表中，金额较大，可以把金额的单位转换成"万元"。这时只要把所有的金额除以10000即可。在任意空单元格中输入数字"10000"，然后执行图 7-6所示的操作。

图 7-6

7.2.2　粘贴后保留列宽

在进行普通的复制和粘贴时不会保留单元格的列宽，这会导致在将数据粘贴到新工作表中时，列宽发生变化，可能会让数据显示不全，见图 7-7。

这时候就需要用到保留原列宽功能。先复制单元格区域，接下来的具体操作见图7-8。

	A	B	C	D	E	F	G
1	销售日期	地区	销售员	商品名称	数量	单价	金额
2	2011/4/4	巢湖	储君老师	F	######	41	########
3	2011/3/5	马鞍山	黄老邪	C	######	37	########
4	2011/2/18	滁州	独孤求败	A	######	13	########
5	2011/3/25	六安	杨过	D	######	85	########
6	2013/1/28	安庆	老顽童	C	######	70	########
7	2012/5/3	安庆	虚竹	A	######	95	########
8	2011/2/28	安庆	虚竹	B	######	63	########
9	2013/4/28	安庆	虚竹	D	######	81	########
10	2011/4/19	安庆	郭靖	D	850,000	94	########
11	2011/6/28	安庆	储君老师	C	890,000	100	########
12							

图 7-7

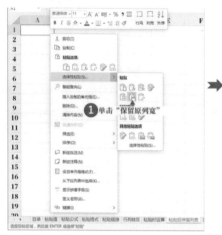

图 7-8

7.2.3　粘贴为带链接的图片

Excel是数据处理和分析软件，排版不是它的强项。对Excel表格进行排版可能需要增加冗余的行列来实现，这样不但会造成一些潜在的风险，而且效率也很低。将复制的内容粘贴为带链接的图片，可以把表格粘贴为一张图片，这时候就可以随意移动和摆放表格，更加方便排版。具体操作方式见图 7-9。

图 7-9

　　另外，需要注意的是，当粘贴为带链接的图片后，图片和源数据之间还是有关联的，当源数据变动时，图片中对应的数据也会发生改变。比如在图7-10中，当最后一行的数量和金额发生变化时，图片中对应的数据也会自动更新，见图 7-10。

销售日期	地区	销售员	商品名称	数量	单价	金额
2011/4/4	巢湖	储君老师	F	1,640,000	41	67,240,000
2011/3/5	马鞍山	黄老邪	C	1,960,000	37	72,520,000
2011/2/18	滁州	独孤求败	A	1,440,000	13	18,720,000
2011/3/25	六安	杨过	D	1,710,000	85	145,350,000
2013/1/28	安庆	老顽童	C	1,870,000	70	130,900,000
2012/5/3	安庆	虚竹	A	1,300,000	95	123,500,000
2011/2/28	安庆	虚竹	B	1,680,000	63	105,840,000
2013/4/28	安庆	虚竹	D	1,120,000	81	90,720,000
2011/4/19	安庆	郭靖	D	850,000	94	79,900,000
2011/6/28	安庆	储君老师	C	100	100	10,000

图 7-10

7.3　选择性粘贴在实际中的运用

7.3.1　文本转数值

　　文本型数值一般不参与计算，如果表格中出现了文本型数值，则必然会给后面的数据分析"埋雷"。把文本型数值转换为数值型数值的方法有很多，用选择性粘贴功能也能搞定，具体操作见图 7-11。

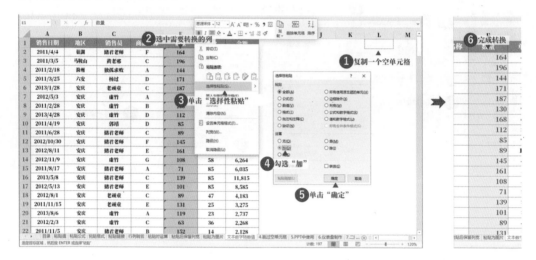

图 7-11

7.3.2 跳过空单元格

有的时候，我们所选择的单元格区域里包含空白单元格，但是我们不想复制空白的单元格，这时候就需要用到选择性粘贴中的跳过空单元格功能。下面结合案例来介绍此功能。假设需要修改几个员工的奖金，待修改数值都在 H 列，如果直接复制及粘贴，则会覆盖其他不需要改动的数据，正确的操作见图 7-12。

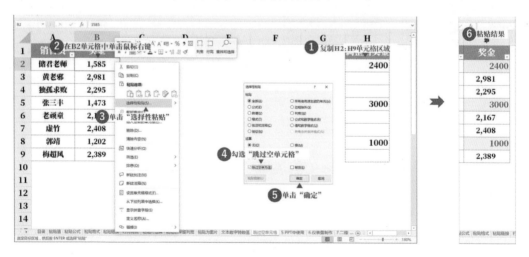

图 7-12

7.3.3 粘贴到PPT中

有时候将Excel中调整好格式的表格粘贴到PPT中后格式全乱了，这让人非常抓狂。巧用选择性粘贴功能，也可以让格式"乖乖听话"。比如图8-13所示的这张表格，在Excel中已经调整好配色样式，需要将其复制到PPT中，想要保留原有的格式，则可以按图 7-13所示进行操作。

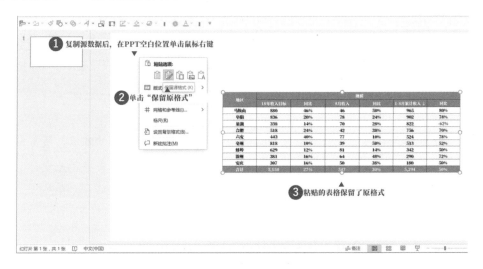

图 7-13

在上面的菜单中，保留原格式功能比较常用，其他几个粘贴功能分别介绍如下。

（1）使用目标主题：粘贴后的表格格式会被转换成PPT默认的表格格式。

（2）嵌入：把Excel表格嵌入PPT中，其看起来是图片，但是双击该图片，就可以进入Excel中对表格进行二次编辑。

（3）图片：直接把表格粘贴为图片，优点是完全保留了表格格式，缺点是不能再次编辑表格。

（4）只保留文本：会保留所有的数据，但是表格格式会被完全清除。

第8课　通过分列快速提取有效信息

在实际工作中，我们经常会遇到一大堆数据全部被放在一个单元格中的情况，如果使用常规方法（复制和粘贴）提取其中的有效信息，则效率低不说，还特别容易出错。本课介绍Excel的分列工具，它可以帮助我们从杂乱的信息中快速提取有效信息。

> **基本规范——数据录入规范**
>
> 当我们在实际工作中遇到上述问题时，不仅要知道解决问题的方法，还需要从中吸取经验和教训。只有做到规范地录入数据，不混杂、不合并、无空行，才能让后期的数据分析更高效。

8.1　分列的基本用法

分列的基本思路是把杂乱的数据进行拆分。分列主要有两种方法，按分隔符号分列和按固定宽度分列。

8.1.1　按分隔符号分列

比如图 8-1所示的案例，要把表中的"对方科目"列进行拆分，该如何操作呢？

	A	B
1	编号	对方科目
2	E001	66010203/销售费用/办公费/印刷制品
3	E002	66020203/管理费用/办公费/印刷制品
4	E003	122101/其他应收款/其他应收往来
5	E004	66010102/销售费用/职工薪酬/职工福利费
6	E005	660105/销售费用/业务招待费
7	E006	510119/制造费用/运输及装卸费
8	E007	660119/销售费用/运输装卸仓储费
9	E008	660219/管理费用/运输费用

图 8-1

仔细观察后会发现，"对方科目"列中的不同内容之间都用"/"来分隔。如果是这种形式的数据，就可以通过分列来处理，具体操作见图 8-2和图 8-3。

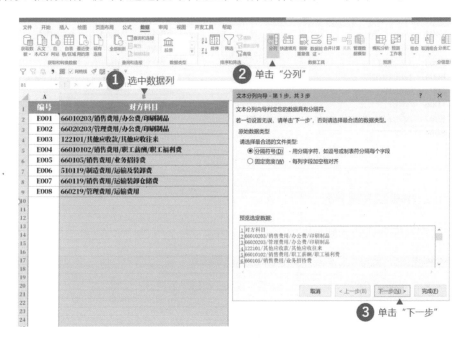

图 8-2

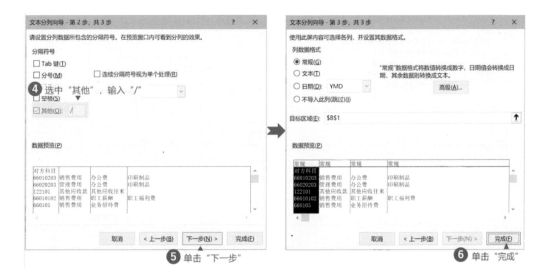

图 8-3

完成后，数据会被自动分列，结果见图 8-4。

	A	B	C	D	E	F
1	编号	对方科目				
2	E001	66,010,203	销售费用	办公费	印刷制品	
3	E002	66,020,203	管理费用	办公费	印刷制品	
4	E003	122,101	其他应收款	其他应收往来		
5	E004	66,010,102	销售费用	职工薪酬	职工福利费	
6	E005	660,105	销售费用	业务招待费		
7	E006	510,119	制造费用	运输及装卸费		
8	E007	660,119	销售费用	运输装卸仓储费		
9	E008	660,219	管理费用	运输费用		

图 8-4

8.1.2 按固定宽度分列

按固定宽度分列的步骤见图 8-5和图 8-6。

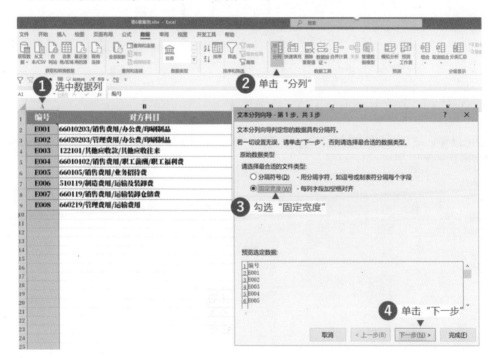

图 8-5

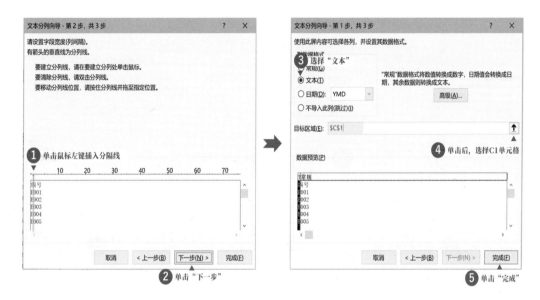

图 8-6

分列后，最终结果见图 8-7。

	A	B	C	D
1	编号	对方科目	编	号
2	E001	66010203/销售费用/办公费/印刷制品	E	001
3	E002	66020203/管理费用/办公费/印刷制品	E	002
4	E003	122101/其他应收款/其他应收往来	E	003
5	E004	66010102/销售费用/职工薪酬/职工福利费	E	004
6	E005	660105/销售费用/业务招待费	E	005
7	E006	510119/制造费用/运输及装卸费	E	006
8	E007	660119/销售费用/运输装卸仓储费	E	007
9	E008	660219/管理费用/运输费用	E	008
10				

图 8-7

以上就是分列功能的基础用法。在此基础上，还可以衍生出很多进阶用法，下面
详细介绍。

8.2　按关键词拆分

在实际工作中，我们经常会遇到将省和市拆分的情况。这时候分列功能也能派上大

用场。比如在图8-8所示的案例中，要把地区拆分成省和地市两列，可以先选中数据列，单击"分列"命令，然后在打开的对话框中进行图 8-8所示的操作。

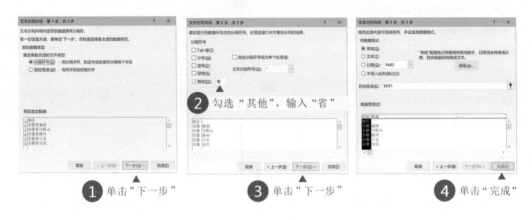

图 8-8

假如只想要地市，不想要省，则可以进行图 8-9所示的设置。

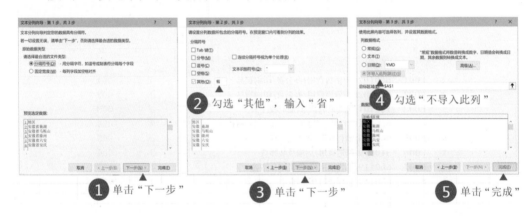

图 8-9

选择"不导入某些列"选项可以让分列功能变成真正有效的数据提取工具，连删除分列后产生的冗余数据都不需要再通过手工操作了。

高手思维——问题转换

在上面的案例中，乍一看好像没有什么规律，但是如果能把"省"字看作分隔符，那么一下子就能找到解决方案。这是一种典型的转换问题思维，只要转换一下角度，答案就会立刻浮现。

高手思维——有备无患

可能有的读者会有疑问：为什么不干脆按固定宽度分列？这样好像更简单一些。没错，如果只有几个简单的数据，则按固定宽度分列是没问题的。但是如果地区列表中出现了"黑龙江省"，就只能用上面的方法来分列了。学会这种方式，可以做到有备无患。

8.3 文本与数值互相转换

在很多时候，从某些系统导出的数据中往往有以文本形式存储的数据，这就会给后面的数据分析带来巨大的麻烦。如果这些数据不多，则可以用之前介绍的选中数据后单击感叹号图标将其转换为数值型数据的办法。但是如果是海量的数据，则这么做效率就很低了，并且会导致电脑卡顿。利用分列功能可以轻松实现文本与数值的互相转换。操作见图 8-10。

为什么可以这样操作？因为分列功能在最后一步的默认操作中会把数值自动再转换为文本。利用这个特性，可以非常轻松地完成转换，几万条数据也完全不用怕。

同样，如果想把数据导入某些系统中，则可能需要把数值转换为文本才能让系统识别。利用分列功能也可以完成，操作见图 8-11。

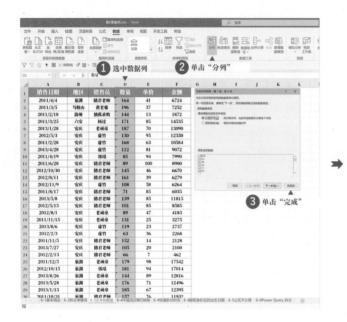

图 8-10

图 8-11

8.4 处理日期和时间

8.4.1 不规则日期巧转换

在处理数据时,最怕碰到不规范的"假日期",因为其根本不能进行计算和数据透视。现在有了分列功能,这些不规范的"假日期"算是遇到克星了。比如在图8-12所示的案例中有很多"假日期"(黄色底色标注),利用分列功能可以将其轻松转换为真正的日期,具体设置见图 8-12。

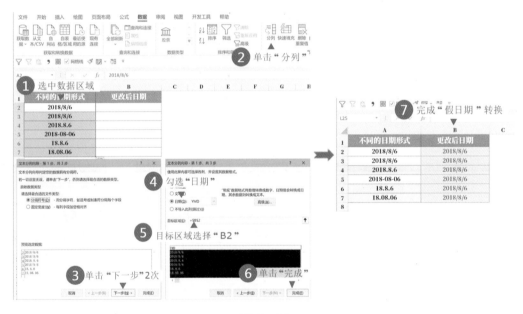

图 8-12

8.4.2 快速拆分时间格式

在图8-13所示的案例中,A列中的数值是常见的长时间格式,如果想要将其拆分为日期和时间,则也很简单,具体操作见图 8-13。

8.4.3 提取身份证号码中的出生日期

提取身份证号码中的出生日期也是非常常见的需求,利用分列功能也可以轻松实现,具体操作见图 8-14。

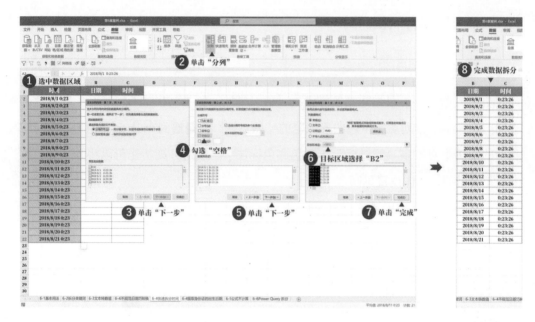

图 8-13

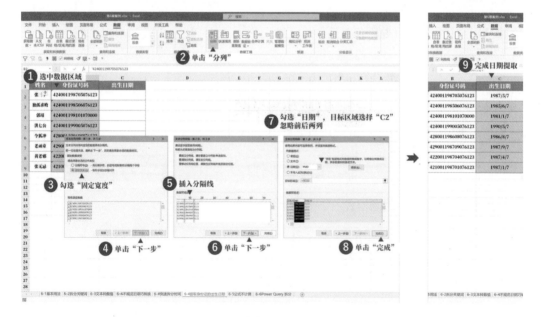

图 8-14

8.5　让公式自动计算

有时，表格中的公式要以公式原本的样貌保存，方便其他人了解公式。但是如何才能让公式自动计算呢？比如在图8-15所示的案例中，"金额"列中列出了所有的公式，想让公式自动计算，可以进行图 8-15所示的操作。

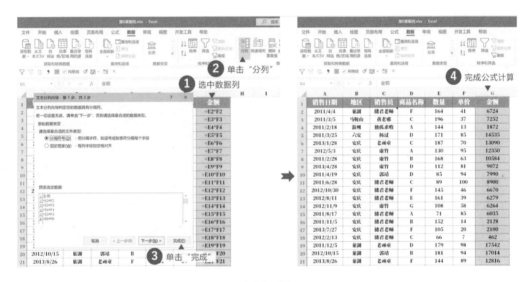

图 8-15

8.6　川Power Query 进行数据拆分

Power Query是一个强大的数据处理工具，其中一个经常被用到的功能就是多表格合并。在合并表格后往往需要对合并后的数据进行简单的处理，这时也需要用到分列功能。

比如图8-16中有3个年度的数据，分别被存储在3个Excel文件中，利用Power Query进行合并的操作见图 8-16和图8-17。

图 8-16

图 8-17

接着在弹出的Power Query编辑器窗口中，选中第1列数据，单击"拆分列"—"按分隔符"命令。在弹出的对话框中，单击"高级选项"选项，在"要拆分为的列数"处输入"1"，单击"确定"按钮，见图 8-18。

接着选中第一列，单击"数据类型"下拉菜单中的"文本"命令，在弹出的对话框中单击"替换当前转换"按钮；最后，单击"关闭并上载"按钮，即可完成表格合并，见图 8-19。

图 8-18

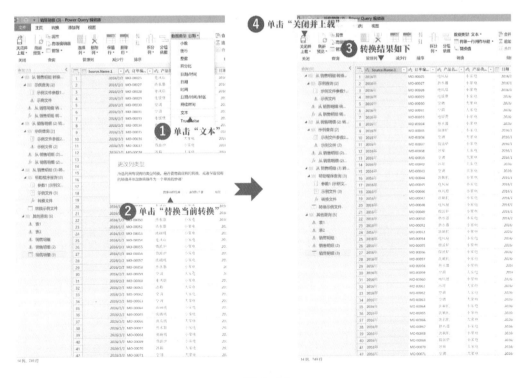

图 8-19

最终合并完成的表格见图 8-20。

	A	B	C	D	E	F	G	H	I	J	K	L	M	N
1	Source.Name.1	订单编号	产品名称	产品类型	日期	业务人员	部门	负责人	联系人	城市	地区	销售额	成本	利润
2	2016年	MO-00025	电风扇	小家电	2016/12/30	孔红	销售1部	储君	费玉晶	秦皇岛	华北	230	139	91
3	2016年	MO-00027	热水器	小家电	2016/12/26	华媛	销售1部	储君	卫朱娇	成都	西南	911	807	104
4	2016年	MO-00028	电风扇	小家电	2016/12/24	琪琪	销售1部	储君	陈雨祺	烟台	华东	177	64	113
5	2016年	MO-00029	电饭煲	小家电	2016/12/9	邹兴怡	销售1部	储君	蒋宿	深圳	华南	450	408	42
6	2016年	MO-00030	空调	大家电	2016/12/7	郑卿	销售1部	储君	卫卫	大连	东北	422	363	59
7	2016年	MO-00031	空调	大家电	2016/12/7	韦甜	销售1部	储君	杨柳	石家庄	华北	1034	945	89
8	2016年	MO-00033	电饭煲	小家电	2016/12/4	郑卿	销售1部	储君	陈玉凤	济南	华东	954	877	77
9	2016年	MO-00034	热水器	小家电	2016/12/3	郑卿	销售1部	储君	尤姬	长春	东北	901	797	104
10	2016年	MO-00035	微波炉	小家电	2016/11/29	秦之山	销售1部	储君	冯梦娇	成都	西南	843	803	40
11	2016年	MO-00036	空调	大家电	2016/11/26	琪琪	销售1部	储君	廉容婕	天津	华北	358	315	43
12	2016年	MO-00037	微波炉	小家电	2016/11/24	华媛	销售1部	储君	施子涵	张家口	华北	602	511	91
13	2016年	MO-00038	冰箱	大家电	2016/11/24	郑卿	销售1部	储君	陶洪丽	温州	华东	379	298	81
14	2016年	MO-00039	空调	大家电	2016/11/21	邹兴怡	销售1部	储君	陈瑶	天津	华北	805	715	90
15	2016年	MO-00042	冰箱	大家电	2016/11/7	华媛	销售1部	储君	华丽丽	上海	华东	1003	947	56
16	2016年	MO-00043	空调	大家电	2016/11/2	金美美	销售1部	储君	赵欧阳	天津	华北	183	157	26
17	2016年	MO-00044	洗碗机	小家电	2016/10/30	琪琪	销售1部	储君	华茜	重庆	西南	505	405	100
18	2016年	MO-00045	电风扇	小家电	2016/10/23	郑卿	销售1部	储君	曹登	成都	西南	227	190	37
19	2016年	MO-00046	电风扇	小家电	2016/10/22	郑卿	销售1部	储君	蒋茵	石家庄	华北	1002	983	19
20	2016年	MO-00047	洗碗机	小家电	2016/10/22	华媛	销售1部	储君	赵甜	天津	华北	333	239	94
21	2016年	MO-00048	电风扇	小家电	2016/10/19	琪琪	销售1部	储君	卫乐岑	天津	华北	605	549	56
22	2016年	MO-00049	微波炉	小家电	2016/10/19	邹兴怡	销售1部	储君	吕秋	北京	华北	738	671	67
23	2016年	MO-00050	热水器	小家电	2016/10/16	吴佳丽	销售1部	储君	费昌	天津	华北	430	327	103
24	2016年	MO-00052	热水器	小家电	2016/9/30	华媛	销售1部	储君	陶念念	北京	华北	308	252	56
25	2016年	MO-00053	洗碗机	小家电	2016/9/25	孔红	销售1部	储君	何劲费	成都	西南	666	567	99
26	2016年	MO-00054	电风扇	小家电	2016/9/21	孔红	销售1部	储君	朱玉婷	天津	华北	528	424	104
27	2016年	MO-00055	微波炉	小家电	2016/9/18	华媛	销售1部	储君	孔凌珍	天津	华北	147	40	107
28	2016年	MO-00056	微波炉	小家电	2016/9/14	秦之山	销售1部	储君	何秋荣	天津	华北	613	595	18
29	2016年	MO-00057	洗碗机	小家电	2016/9/13	孔红	销售1部	储君	何昼	天津	华北	935	829	106
30	2016年	MO-00058	热水器	小家电	2016/9/9	秦之山	销售1部	储君	沈春燕	重庆	西南	735	679	56
31	2016年	MO-00059	空调	大家电	2016/9/1	秦之山	销售1部	储君	曹兴	天津	华北	995	891	104
32	2016年	MO-00060	电风扇	小家电	2016/8/29	韦甜	销售1部	储君	朱瑶	昆明	西南	947	910	37
33	2016年	MO-00061	冰箱	大家电	2016/8/29		销售1部	储君	李洁	贵阳	西南	812	721	91

6-1基本用法 6-2拆分关键词 6-3文本转数值 6-4不规范日期转换 6-4快速拆分时间 6-4提取身份证的出生日期 6-5公式不计算 Sheet1 6-6Power Query 拆分

图 8-20

以上就是分列功能的进阶用法了，在实际使用中，要多留心数据的属性，搭配不同的分列方法，可以让数据处理事半功倍。

第9课　用条件格式扮靓报表

在实际中，我们经常会遇到这样的难题：如何才能批量让一些特殊的数据突出显示？比突出显示前三名的学生姓名、突出显示不及格的学生姓名、让项目进度用图表化的方式清晰呈现等。答案就是使用"条件格式"，本课就介绍如何用条件格式扮靓报表。

9.1　条件格式的基本用法

9.1.1　突出显示特定单元格

在实际工作中，我们经常需要突出显示一些数据，给这些数据填充醒目的背景颜色，这时可以用条件格式来实现。

比如，现在要找出下表中销售额大于3000元的单元格并突出显示，如果不使用条件格式，就需要经过复杂的筛选、标记、再取消筛选等一系列过程。但是如果用条件格式就会简单很多，操作见图 9-1。

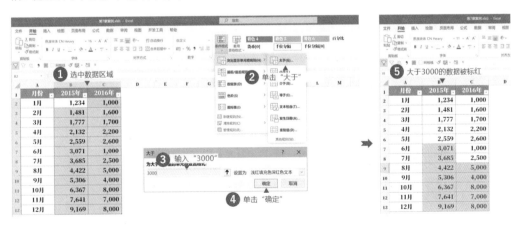

图 9-1

特定规则还有小于、介于、等于、文本包含及发生日期等。读者可以根据自身需求灵活选择。

9.1.2 快速突出重复值

在特定规则中，突出显示重复值较为常用。如果想找出下表中销售额相同的数据并标注出来，就可以进行图 9-2所示的操作。

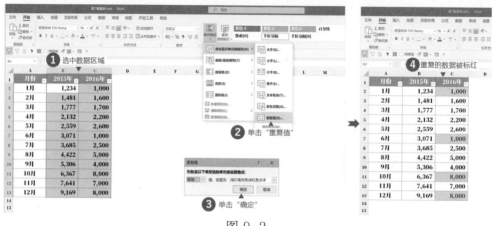

图 9-2

9.1.3 最前/最后规则

对员工业绩进行排名是老板最喜欢做的事情，比如在下表中想要找出2015年前3名的销售业绩，也可以用条件格式轻松完成，操作见图 9-3。

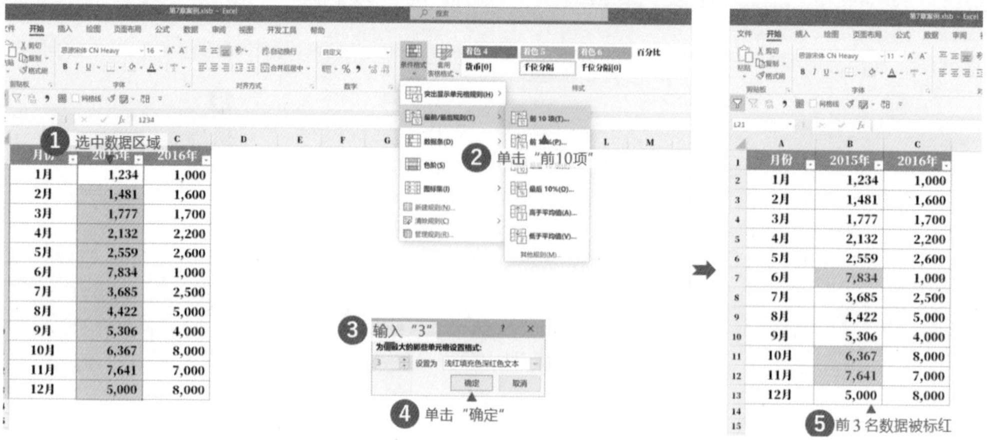

图 9-3

同样，也可以找出后3名的销售业绩，只需要在上述操作中，把"前10项"换成"后10项"即可。

9.2 轻松实现数据可视化

文不如表，表不如图。一张恰当的图片，可以抵得上千言万语。想要让数据表的重点突出，也离不开数据可视化。所谓的数据可视化，就是通过示意图、标注等方式，让观众直观地感受到数据变化的趋势、数据大小的对比等。

Excel数据的可视化，往往是利用图表来实现的，但是如果只是想简单地展示数据变化的趋势，那么使用图表有点大费周章了。利用条件格式也可以实现数据可视化。

9.2.1 数据条

使用条件格式中的数据条功能，可以在单元格内根据所选数据的大小，自动生成相应长度的矩形条。这样一来，数据大小的对比就更加直观了。比如在图9-4所示的案例中，想要了解2015年销售额的变化趋势，可以使用条件格式的数据条功能，操作见图9-4。

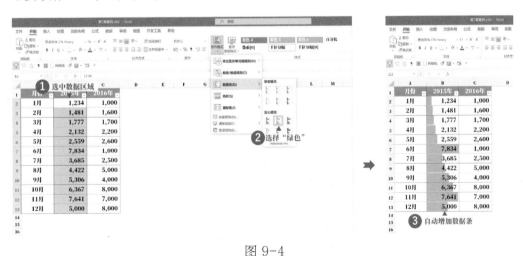

图 9-4

有时，为了让数据更直观，可能还要隐藏具体的数值而仅显示数据条，那么可以按照图 9-5进行操作。

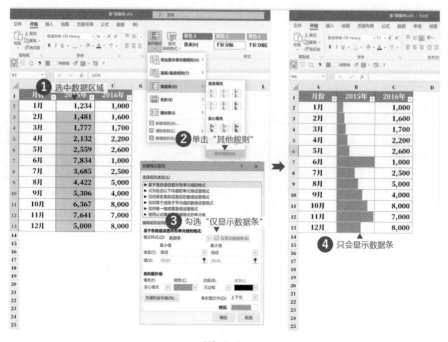

图 9-5

假如数据有正有负，那么用数据条来表现效果会是什么样呢？其实数据条功能非常智能，可以用不同颜色来表达正/负数据，操作见图9-6。

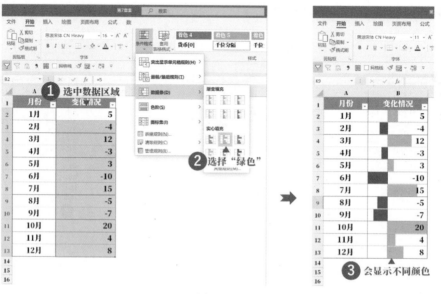

图 9-6

9.2.2　色阶显示

还是以9.2.1节的案例为例，可以换一种标记数据的方式：用色阶来标记。其好处是可以让读者根据颜色的深浅直观地感受到数据的大小，具体操作见图 9-7。

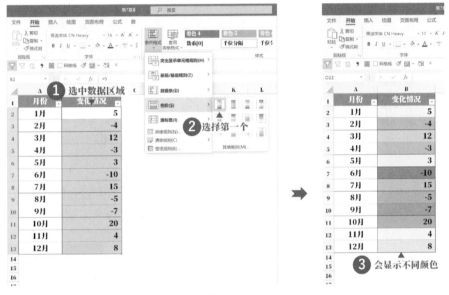

图 9-7

利用默认的第一种色阶标记后，由图9-7可以来看出，颜色越红数值越小，颜色越绿数值越大，读者一下子就能清晰、直观地看出数据变化。此功能在数据量大的时候尤其适用。

9.2.3　图标集

在Excel中，还有一类特殊的数据表：项目进度推进表，它可以帮助我们有效地掌握项目进度。利用条件格式的图标集功能，可以让项目进度更加一目了然。具体操作见图9-8。

如果你仔细观察就会发现一个小问题：如果这一列最大值（进度）不是100，那么图标的显示和实际百分比不太一致。比如在图 9-8中，进度在70以上的都显示为实心的图标。

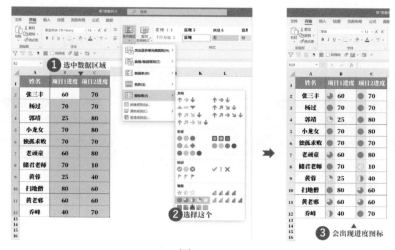

图 9-8

这是因为Excel默认的五象限图是按照所选数据的相对比例来划分的。如果想要按绝对数值来显示图标，则需要进行图 9-9所示的操作。

图 9-9

其中修改的关键点就是用具体的数值来代替原来的百分比，这样可以让图标的显示更精准。

9.2.4 另类的条件格式

除设置常规的条件格式外，还可以通过设置单元格格式来显示特定格式，比如把负值显示为红色，标注向下的箭头，正值显示为蓝色，标注向上的箭头，可以进行如图9-10所示的操作。

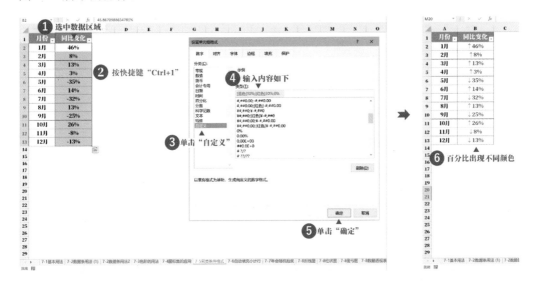

图 9-10

基本规范——数据呈现可视化

条件格式功能是非常简单、轻巧的数据可视化工具，利用它，可以在表格中直接对比数据，从而会让数据的可读性大幅增加。

9.3 突出显示小计行

前面设置的条件格式，针对的是具体的单元格。如果需要根据某些规则让表格中的整行突出显示，那么该如何操作呢？其实并不难，只需要使用条件格式中的自定义规则即可。比如，要把表格中的"小计"行全部突出显示，可以进行图9-11所示的操作。

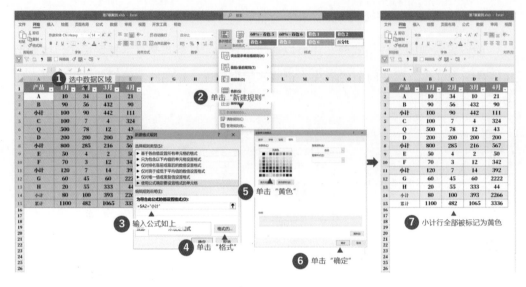

图 9-11

9.4 条件格式在实际中的运用

在公司举办年会时，设置随机抽奖程序一般是一个难题，但是如果会用Excel，就简单多了。比如要随机抽取3名员工，就可以利用随机函数+排序函数+条件格式来完成，如图9-12所示。

首先在"随机数"这一列中输入公式"=RAND()"，会随机产生一些数字。然后在"排序"列中输入公式"=RANK(B2,$B$2:$B$12)"来生成对应的排序等次。最后用条件格式标记前3名员工姓名即可。设置条件格式的操作见图 9-12。

学会了这招，制作年会抽奖小工具非常简单！

高手思维——组合提效

本例中利用了条件格式、RANK函数和RAND函数，每个知识点都不难，但是组合起来，竟然能生成一个年会随机抽奖的小工具，是不是很神奇？

图 9-12

9.5 "高大上"的迷你图

利用条件格式的数据条功能虽然可以清晰地展现数据变化趋势，不过偶尔也会对数据展示造成一些干扰。而利用Excel的迷你图功能，可以轻松做到二者兼顾。迷你图主要有3种，分别是迷你折线图、迷你柱形图和迷你盈亏图。

9.5.1 迷你折线图

迷你折线图能很好地呈现数据变化趋势，比如在图9-13所示的案例中，想要知道每个销售员每月的销售额变化情况，就可以使用迷你折线图，操作见图 9-13。

想要让迷你图更美观，还可以在"迷你图"选项卡中设置不同的样式，比如可以勾选显示选项卡中的"高点"和"低点"，就能在图中进行标注，操作见图 9-14。

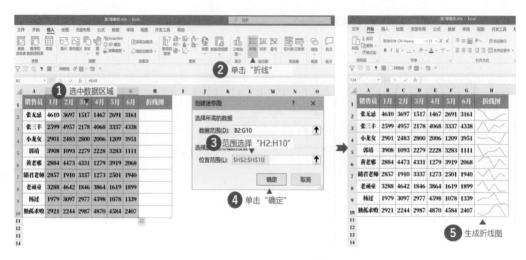

图 9-13

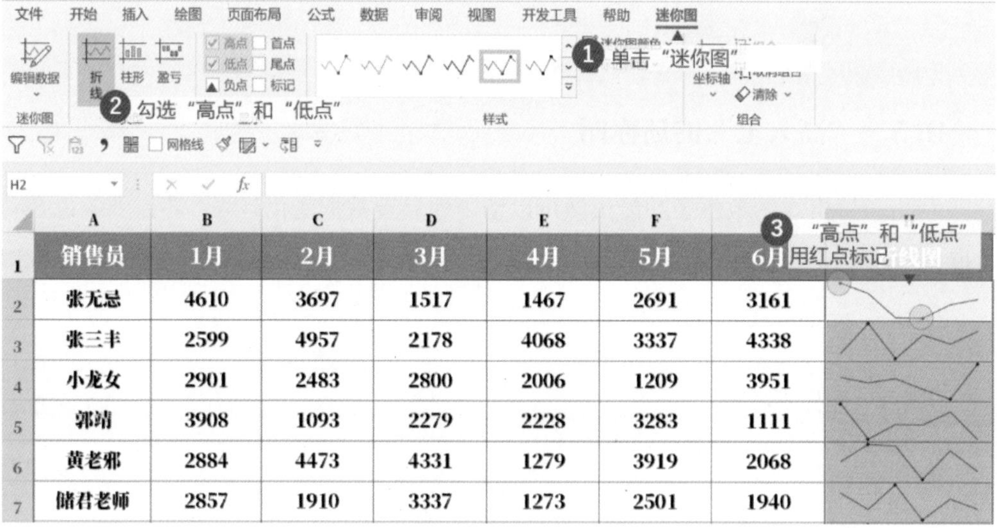

图 9-14

9.5.2 迷你柱形图

迷你柱形图和迷你折线图的适用场景差不多，插入迷你柱形图的方法见图9-15。

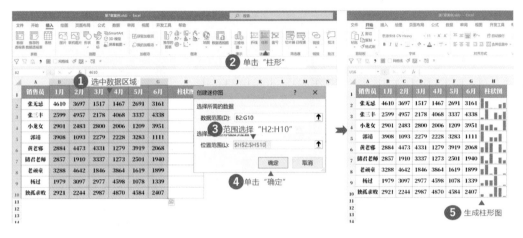

图 9-15

9.5.3　迷你盈亏图

迷你盈亏图的适用场景会特殊一些，比较适合反映正/负数值的变化。比如公司的利润增长情况就可以用迷你盈亏图来表现，具体操作见图 9-16。

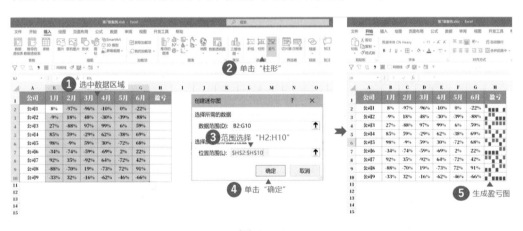

图 9-16

9.5.4　在数据透视表中添加趋势图

在数据透视表中，如果插入的是趋势图，那么也会让数据一目了然，但是在普通情况下，插入的趋势图不会随着数据的变动而变动。如何添加随着数据变动而变动的趋势图呢？

这就需要用到数据透视表的"计算项"功能了，它可以对数据透视表中的字段进行计算（在第13课中会有详细的介绍），具体操作见图 9-17和图 9-18。

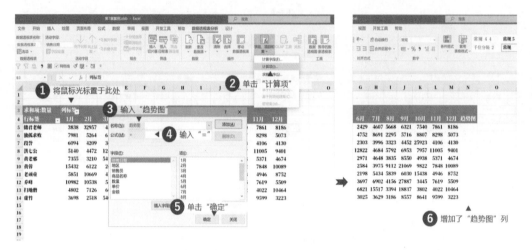

图 9-17

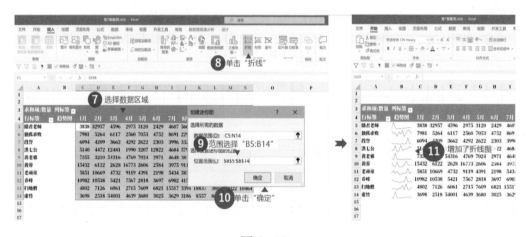

图 9-18

这样操作后，如果行和列发生筛选和变动，趋势图也会同步自动更新。

9.6　用函数做微图表

其实还有一种在日常使用中会频繁出现的图表，那就是评价用的"★"符号。如果通过手工输入这个符号，则会很麻烦，而且也不能动态调整。

其实利用REPT函数即可输入。该函数可以按照设置的次数重复显示文本。其基本语法是=REPT(TEXT, NUMBER_TIMES)，其中"TEXT"表示需要重复显示的文本，"NUMBER_TIMES"表示指定文本重复显示的次数。了解了这些，我们就可以利用REPT函数来制作微图表了。比如在图9-19所示的案例中，想要用"★"的个数来展示销售员的等级，具体操作见图 9-19。

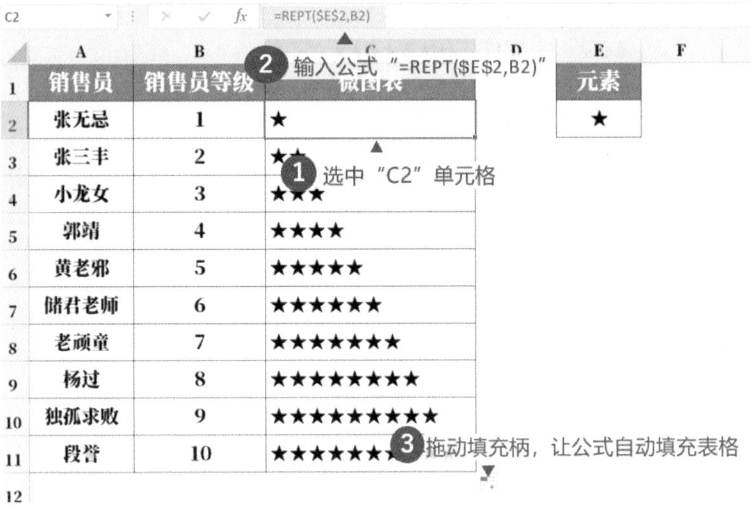

图 9-19

公式中绝对引用了E2单元格，因为"★"符号被存储在E2单元格中。这样做的好处在于增强了图表的灵活性。在E2单元格中如果把"★"换成"■"，则图表也会瞬间更新。

高手思维——图表分立

把原本"写死"在公式中的一些参数通过引用参数表的方式变得动态化，是非常重要的一种思考方法，这么做可以大幅提升公式的灵活性，让我们做到以不变应万变。

再来扩展一下这个问题，是否能用函数微图表来制作销售业绩图？比如销售员的业绩达到500元，就得到一颗星。其实只要把文本重复显示的次数换成“业绩/500”即可。图 9-19所示的微图表中的公式可以写成=REPT($E$2,B2/500)，呈现的结果见图 9-20。

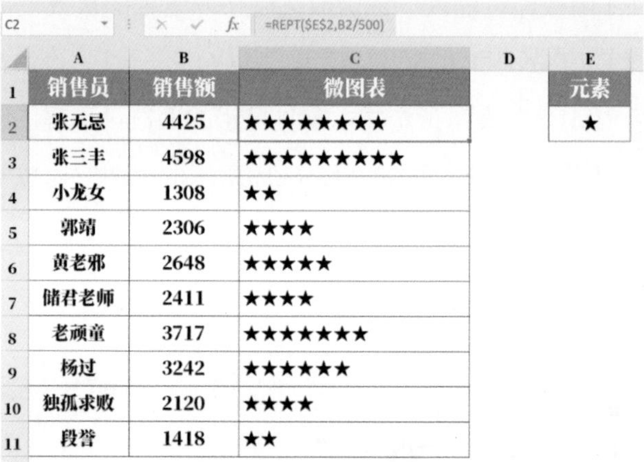

	A	B	C	D	E
1	销售员	销售额	微图表		元素
2	张无忌	4425	★★★★★★★★		★
3	张三丰	4598	★★★★★★★★★		
4	小龙女	1308	★★		
5	郭靖	2306	★★★★		
6	黄老邪	2648	★★★★★		
7	储君老师	2411	★★★★		
8	老顽童	3717	★★★★★★★		
9	杨过	3242	★★★★★★		
10	独孤求败	2120	★★★★		
11	段誉	1418	★★		

图 9-20

第10课　神奇酷炫的下拉菜单

在录入信息时，一般会遇到这样的问题：录错字、不小心多录入一位数字等，这简直令人抓狂！如果能限定录入的内容就好了。其实在Excel中经过简单的设置就可以制作录入内容的下拉菜单，这样我们就再也不用担心出错了。本课会详解下拉菜单的制作方法。

10.1　下拉菜单的基础用法

10.1.1　快速录入已经录入过的内容

在录入一些文本型数据（比如部门名称、产品型号）时，我们会发现其实总共就几个条目，每一个都通过手工录入实在是太麻烦了。这时候利用Excel的自动记忆功能，可以快速输入已经录入过的内容。

比如在图10-1所示的案例中，我们已经录入"销售部""财务部"和"设计部"3个部门，接下来在C5单元格中就可以使用快速录入功能。

先选中C5单元格，之后的具体操作见图 10-1。

	A	B	C	D	E
1	序号	销售员	部门	绩效	基本工资
2	1		销售部	S	16,400
3	2		财务部	A	19,600
			设计部	B	14,400
	按快捷键"Alt+↓"弹出下拉选项			B	17,100
6	5		财务部 / 设计部 / 销售部	C	18,700
7	6			C	13,000
8	7			B	16,800
9	8			A	11,200

图 10-1

10.1.2 制作下拉菜单

利用快捷键Alt+↓虽然是一种快速制作下拉菜单的方法，但是仍然需要我们把所有的部门都输入一遍才能使用。有没有更快的方法呢？其实可以提前准备好数据，直接制作下拉菜单即可。具体有以下两种方法。

第一种制作下拉菜单的方法是手工录入下拉菜单的选项。这种方法适合数据量小的情况。下面还是以录入部门来举例。

下面想要创建包含"销售部""财务部"和"设计部"3个部门的下拉菜单，具体操作见图10-2。

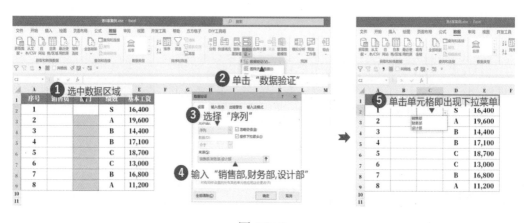

图 10-2

再回到表格中，单击"部门"列中的任意单元格，会在单元格右侧弹出下拉菜单，单击即可选择提前设定好的选项。

第二种制作下拉菜单的方法是从已有的列表中引用。这种方法适合数据量较大的情况。比如在图10-3中销售员有很多，一个个手工录入销售员的姓名会非常烦琐，直接引用数据就会方便很多。具体操作见图10-3。

为了引用方便，还可以把"基础参数表"中的A2:A9区域定义名称为"销售员"，这样，在选择序列来源时，直接输入"=销售员"即可，从而大幅度简化了操作。

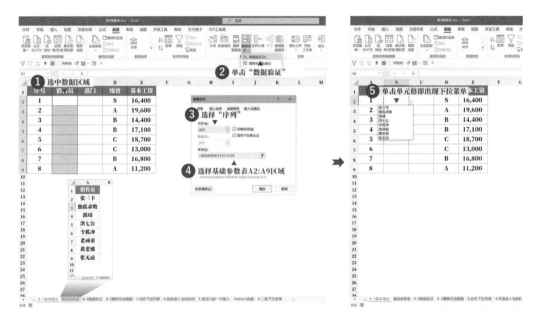

图 10-3

高手思维——三表分立

在本例中，通过提前设定好参数表，会让数据录入更简单，如果需要修改参数，则直接在参数表中修改即可。让表达式尽量简洁也符合"简单是极致的复杂"的思维。

10.2　数据录入不出错

10.2.1　限制错误数据录入

在很多情况下，数据的范围都是被限定的，比如在图10-4中，"工龄工资"为100~500元，不能超出这个范围。这时，可以利用数据验证工具来限制数据的录入范围。具体操作见图 10-4。

设置好之后，如果录入的数据不符合要求，比如录入"50"，则系统会弹出警告，只能返回修改，这样就做到了限制录入错误的数据。

同样，还可以对身份证号码等有规律的数据也设置数据验证，例如设置文本长度等于18位。

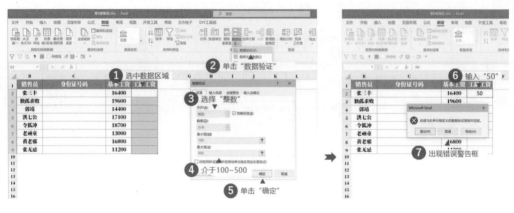

图 10-4

10.2.2 给出信息和警告

虽然此时不能录入错误数据到表格中了，但是录入错误数据的人可能会"丈二和尚摸不着头脑"，这时候如果显示错误提示，则会让录入错误数据的人明白原因。下面给"工龄工资"设置录入提示为"只能录入100~500的整数"。具体操作见图 10-5。

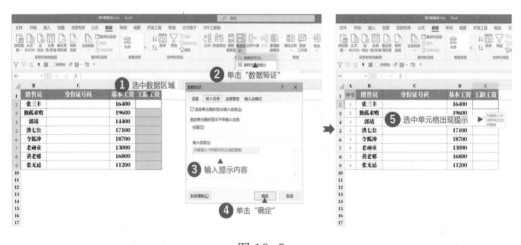

图 10-5

如果有的人连提示都不看，就要通过弹出警告来强制他们查看录入数据的要求。利用数据验证功能可以自定义弹出的警告文字。具体操作见图 10-6。

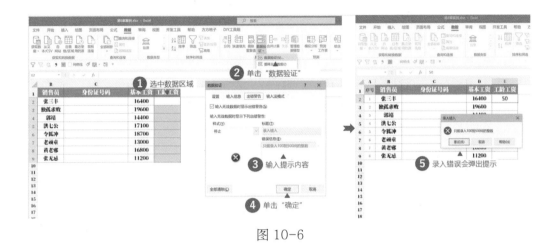

图 10-6

10.2.3 圈释无效数据

以上防止录入错误数据的操作都是针对还没有录入的数据，假如数据已经录入完成了，现在要检查有没有错误，该怎么办呢？靠肉眼检查显然是最低效的办法。其实数据验证功能中还有一个"神器"：圈释无效数据。它可以把错误的数据用红圈标记出来，非常好用。

比如在图10-7所示的案例中，已经按照前面的操作，设置好了身份证号码和工龄工资的数据验证，在这样的情况下，就可以圈释无效数据了。具体操作见图10-7。

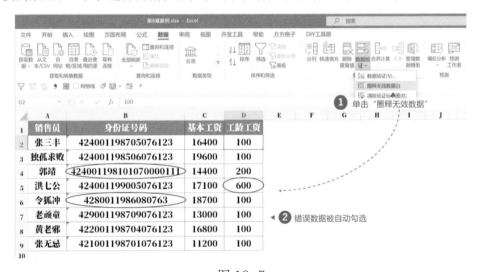

图 10-7

只要将圈出来的错误数据改成正确的数据，红圈就会自动消失。就算要核对成百上千行的数据，也只要几分钟就搞定了。

> **基本规范——数据录入规范化**
>
> 利用数据验证功能，可以让数据录入的准确性大幅提升，特别是在需要他人辅助填写数据时，效果尤为明显。只有遵循"数据录入规范化"这条基本规范，后期的数据分析才能顺利进行。

10.3　动态下拉菜单

对于10.2节制作的下拉菜单，有一个小缺点：当下拉菜单中的选项有修改时（比如增加或者减少），则需要重新设置下拉菜单。对于部门这种变化不大的数据来说倒没什么，假如要对销售员数据建立下拉菜单，可能选项的变动会比较频繁。这时，就需要创建动态下拉菜单了。

首先，要把销售员列表变成智能表。在选中销售员列表后，按快捷键Ctrl+T，在弹出的对话框中单击"确定"按钮即可。创建完智能表后，选中销售员列表，将该区域命名为"销售员"，接下来就可以按照正常的制作下拉菜单的操作进行，只需要在"数据验证"对话框的来源位置处输入"=销售员"即可，操作见图 10-8。

这时销售员列表就可以随意变动，下拉列表会自动更新，见图 10-9。

> **高手思维——批量自动**
>
> 本例中利用智能表功能让下拉菜单实现动态化，这是典型的"批量自动"思维。掌握这种思维，可以一次性完成下拉菜单设定，后期自动更新，再也不需要烦琐的手工修改，不但避免了很多麻烦，而且出错的概率大幅降低。

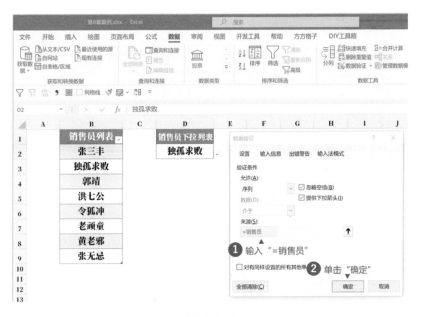

图 10-8

图 10-9

10.4 快速录入当前时间

如果在输入数据时，需要精确记录输入发生的时间，也可以通过下拉菜单快速实现。其原理是，先在表格空白处使用NOW函数获取当前时间，然后再用引用的方式建立下拉菜单。具体操作见图 10-10。

图 10-10

设置完成后，需要将B列的单元格格式设置为"HH:MM:SS"，然后在需要时单击下拉菜单，就可以精准记录当前时间。

高手思维——有备无患

在本例中，如果对时间的记录要求精确到分钟，则还可以使用快捷键来达成类似的效果。利用快捷键Ctrl+Shift+;就可以在单元格中插入当前的时间。

10.5 动态限制单元格录入

在会计表中，借贷双方只能由一方录入数据，不允许两方都录入数据，同时不限制是借方录入还是贷方录入。对于这种情况就需要动态限制单元格的录入，也可以用数据验证来实现，不过还需要借用COUNTA函数来间接实现。COUNTA函数的作用是返回参数列表中非空值的单元格个数（即计算单元格区域或数组中包含数据的单元格个数）。

在会计表中，要设定在借贷双方的单元格中只能有一个有数据。具体操作见图10-11。

图 10-11

高手思维——"问题转换"＋"组合提效"

本案例先把限制录入数据的问题转换为函数表达式，这体现了"问题转换"的思路。之后再和数据验证功能进行组合，实现了"组合提效"。

10.6 二级联动下拉菜单

在下拉菜单功能中还有一个二级下拉菜单功能，比如在前面的下拉菜单（一级下拉菜单）中选择了某个省，则后面对应的下拉菜单（二级下拉菜单）会自动出现该省所辖的地市名单。这样的二级下拉菜单使用起来会非常方便。二级下拉菜单制作起来也不难,只是步骤会有点多。下面先介绍基本思路。

想要制作二级下拉菜单,则需要在一级下拉菜单和二级下拉菜单之间建立关联:筛选一级菜单后,二级菜单会自动跳转到相应的地市列表。利用INDIRECT函数可以实现数据跳转的功能。

先简单介绍一下INDIRECT函数,该函数的作用是间接引用。下面先通过一个案例了解一下INDIRECT函数的用法。

在图10-12所示的案例中,上方为原始表格,其中A2单元格中的数值为"C4",C2单元格中的数值为"大学",C4单元格中的数值为"Office职场大学"。这里把C4单元格的名称定义为"大学"。

	A	B	C	D
1				
2	C4		大学	
3				
4			Office职场大学	
5				
6				
7		公式	结果	
8	=INDIRECT("A2")		C4	
9	=INDIRECT(A2)		Office职场大学	
10	=INDIRECT(C2)		Office职场大学	
11				

图 10-12

使用不同的INDIRECT公式,结果也不一样,如表10-1所示。

表 10-1

公 式	结 果	解 析
=INDIRECT(A2)	Office职场大学	因为A2单元格中指向的是C4单元格,而C4单元格中的内容是"Office职场大学",故返回的值为"Office职场大学"
=INDIRECT("A2")	C4	加上引号之后,括号里面的内容就变成了""C4"",其实就是指向A2单元格中的内容,故返回的值就是"C4"
=INDIRECT(C2)	Office职场大学	C2单元格中的内容为"大学",而C4单元格的名称也是"大学",故返回的值为"Office职场大学"

这样就为制作二级联动下拉菜单打下了基础。接下来还需要为省份列表定义相应的名称。相关原始数据见图10-13，先定义A1:G1单元格区域的名称为"省份"。

再定义各个地市的名称为相应的省份。这一步有简化的操作，具体操作见图10-13和图10-14。

图 10-13

图 10-14

上述操作完成后，就可以开始正式制作下拉菜单。选中省份下方的数据区域，设置数据验证，具体设置见图 10-15。

图 10-15

再选中城市下方数据区域，设置数据验证如图10-16所示。

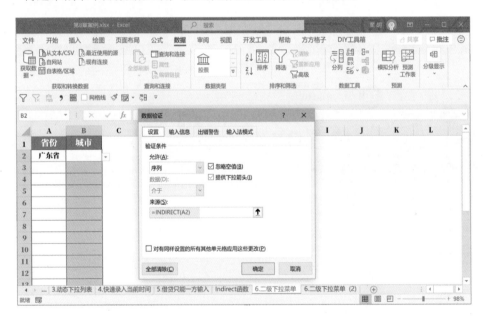

图 10-16

全部设置完成后，即可实现动态下拉效果，如在A2单元格中选择的是"安徽省"，B2单元格会自动生成安徽省所属的城市名单。

第3部分　数据分析利器：数据透视表

第11课　认识数据透视表

11.1　什么是数据透视表

在Excel圈里，有这样一句话："如果只能学一个Excel技能，就学数据透视表"。为什么要学数据透视表？因为使用数据透视表可以快速、高效、灵活地分析大量的数据，让数据分析工作变得异常轻松。

可以把数据透视表想象成一个数据处理引擎，它可以把各种数据通过引擎分析得出相应的结果，见图 11-1。

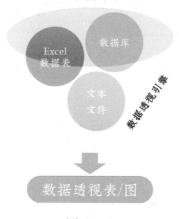

图 11-1

数据透视表具有以下特性。

（1）简单易学：对于数据透视表的基本操作，读者3分钟就可以上手。

（2）交互性强：数据透视表的人机交互界面非常简单，只需要单击鼠标，就可以根据需求轻松生成想要的数据，还可以非常轻松地修改。

（3）扩展性强：数据透视表还可以与函数、图表等相结合，最终可以实现动态数据分析仪表盘，扩展性相当强。

虽然数据透视表入门容易，但是想要精通它却比较困难，需要系统地学习。

11.2　快速创建数据透视表

在图11-2所示的表中，想要将销售额按照销售员、地区和商品名称这3个维度进行汇总，一般利用SUMIF函数可以实现。但问题来了，当表格中有上万行数据时，直接使用SUMIF函数会导致Excel卡顿，而且在使用SUMIF函数之前还需要把不重复的地区、销售员、商品名称全部提出来，非常麻烦，见图 11-2。

	A	B	C	D	E	F	G
1	销售日期	地区	销售员	商品名称	数量	单价	金额
2	2011/2/3	六安	杨过	A	196	52	10,192
3	2011/2/8	合肥	郭靖	B	182	19	3,458
4	2011/2/13	巢湖	Excel达人-储君	A	67	91	6,097
5	2011/2/18	滁州	独孤求败	A	144	13	1,872
6	2011/2/23	巢湖	老顽童	B	101	46	4,646
7	2011/2/28	安庆	扫地僧	B	168	63	10,584
8	2011/3/5	马鞍山	黄老邪	C	196	37	7,252
9	2011/3/10	六安	乔峰	C	133	53	7,049
10	2011/3/15	合肥	段誉	A	86	51	4,386
11	2011/3/20	巢湖	老顽童	B	127	29	3,683
12	2011/3/25	六安	杨过	D	171	85	14,535
13	2011/3/30	合肥	段誉	E	170	84	14,280
14	2011/4/4	巢湖	Excel达人-储君	F	164	41	6,724
15	2011/4/9	滁州	独孤求败	G	189	15	2,835
16	2011/4/14	巢湖	Excel达人-储君	G	56	41	2,296
17	2011/4/19	安庆	虚竹	D	85	94	7,990
18	2011/4/24	马鞍山	黄老邪	A	169	77	13,013
19	2011/4/29	六安	洪七公	C	193	63	12,159
20	2011/5/4	合肥	黄蓉	C	185	8	1,480
21	2011/5/9	巢湖	Excel达人-储君	E	72	58	4,176

图 11-2

但是利用数据透视表，30秒就可以搞定。具体操作见图 11-3。

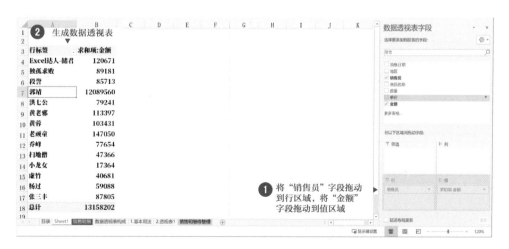

图 11-3

完成了以上操作，就建立了一个空白的数据透视表，这时候还没有进行任何分析。接下来把"金额"字段拖动到值区域中，把"销售员"字段拖动到行区域中，此时数据透视表发生了神奇的变化，自动分析出了不同销售员的销售金额汇总，见图 11-4。

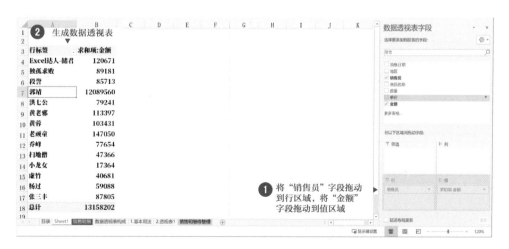

图 11-4

如果想要得到不同地区的销售额，则直接把"销售员"字段从行区域中拖出，再把"地区"字段拖入即可，结果见图 11-5。

就算分析多个维度，使用数据透视表也只要30秒就能搞定，是不是非常高效、灵活呢？

了解了数据透视表的强大之处，下面再来好好认识一下数据透视表。下面介绍数据透视表的组成和功能。

	A	B	C
1			
2			
3	**行标签**	**求和项:金额**	
4	**安庆**	116237	
5	**巢湖**	12217736	
6	**滁州**	86851	
7	**合肥**	300499	
8	**六安**	269427	
9	**马鞍山**	167452	
10	**总计**	13158202	
11			

图 11-5

11.3 数据透视表的组成

首先要明确的概念是"字段"。数据透视表是根据原始明细表进行加工及分析的，而字段其实就是原始明细表中的列标签。比如在图11-16所示的这张明细表中，销售日期、地区、销售员、商品名称、数量、单价和金额就是"字段"。

	A	B	C	D	E	F	G
1	**销售日期**	**地区**	**销售员**	**商品名称**	**数量**	**单价**	**金额**
2	2011/2/3	六安	杨过	A	196	52	10,192
3	2011/2/8	合	每个列标签代表一个单独的"字段"		19	3,458
4	2011/2/13	巢湖	Excel达人-晗君	A	67	91	6,097
5	2011/2/18	滁州	独孤求败	A	144	13	1,872
6	2011/2/23	巢湖	老顽童	B	101	46	4,646
7	2011/2/28	安庆	扫地僧	B	168	63	10,584

图 11-6

字段是干什么用的？字段就是用来进行分类及统计用的，比如要按照销售员汇总销售额，就需要把"销售员"字段和"金额"字段进行统计。

了解了字段的概念之后，还要了解数据透视表的构成。想要清楚地看到数据透视表的构成，可以进行如图11-7所示的操作，这时数据透视表会变成经典样式。

在数据透视表经典样式中，能清楚地看到一份数据透视表主要包含4个部分："筛选区域""行区域""列区域"和"值区域"，见图 11-8。

图 11-7

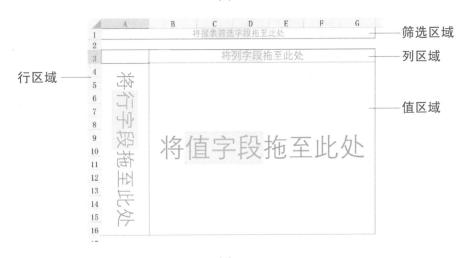

图 11-8

　　看起来制作一张数据透视表好像很复杂，其实我们可以先思考想要生成的数据汇总表是什么样子的。比如在之前的案例中，按销售员汇总销售额，其实结果只有两列数据："销售员"数据和"金额"数据。

　　接下来的操作就简单了，把"销售员"字段拖动到行区域中，把"金额"字段拖动到值区域中即可。这种单一维度的分析就只会用到这两个区域。

在剩下的两个区域中，筛选区域主要是用来进行筛选的，比如想要按地区分别进行数据透视，则可以把"地区"字段拖动到筛选区域中。这样数据透视表的分析都是在筛选之后的特定条件下进行的。比如要对合肥地区按销售员汇总销售额，可以把"地区"字段拖动到筛选区域中，然后选择"合肥"字段即可，见图11-9。

	A	B
1	地区	合肥
2		筛选区域
3	求和项:金额	
4	销售员	汇总
5	段誉	85713
6	郭靖	111355
7	黄蓉	103431
8	总计	300499

图 11-9

而列区域有什么用呢？列区域可以和行区域配合形成两个维度的分析。比如要同时按照不同销售员和不同商品名称来汇总销售额，则只需要把"商品名称"字段拖动到列区域中即可，见图11-10。

	A	B	C	D	E	F	G	H	I
1	地区	合肥			列区域				
2					▼				
3	求和项:金额	商品名称							
4	销售员	A	B	C	D	E	F	G	总计
5	段誉	23987	4242	14466	6486	14280	14652	7600	85713
6	郭靖	14454	12269		33928	4386	19278	27040	111355
7	黄蓉	36178		17863	28574	1400	7936	11480	103431
8	总计	74619	16511	32329	68988	20066	41866	46120	300499

图 11-10

其实行区域和列区域并没有本质的区别，如果把"商品名称"字段拖动放到行区域中，把"销售员"字段拖动放到列区域中，则只是将行列转置了而已，而分析结果不会发生任何改变，见图11-11。

	A	B	C	D	E
1	地区	合肥			
2			行列区域互换不影响结果		
3	求和项:金额	销售员	▼		
4	商品名称	段誉	郭靖	黄蓉	总计
5	A	23987	14454	36178	74619
6	B	4242	12269		16511
7	C	14466		17863	32329
8	D	6486	33928	28574	68988
9	E	14280	4386	1400	20066
10	F	14652	19278	7936	41866
11	G	7600	27040	11480	46120
12	总计	85713	111355	103431	300499

图 11-11

了解了以上知识，你就算是入门数据透视表了，可以进行简单的数据分析了。在学习更深入的知识之前，有一点需要特别注意：数据透视表只有分析功能，如果原始明细表中的数据有错误或者不规范，则会严重影响数据透视表分析结果的准确性，所以要养成良好的数据处理习惯。

高手思维——三表分立

数据透视表是"三表分立"思维的极致体现，因为在使用数据透视表分析数据的过程中，只是从原始明细表中提取数据，对原始数据不会造成任何影响。数据透视表不但会在最大程度上保护原始数据，而且还能灵活地进行分析。

11.4 影响数据透视表分析结果的5个问题

想要养成良好的数据处理习惯，先要知道哪些问题坚决要避免。在原始明细表中，经常出现并影响数据透视表分析结果的问题主要有以下5个。

（1）出现空字段：如行标题出现空值；

（2）出现相同的字段：如出现相同的行标题；

（3）出现合并单元格；

（4）出现空行；

（5）出现文本形式的数字。这种问题造成的危害最大，因为文本形式的数字不参加计算，不能被汇总，同时，此类数字不易被发现。

图11-12中对以上问题进行了举例，如果出现了这些问题，则可能根本无法建立数据透视表（系统会直接报错），即使可以建立数据透视表，但是分析结果完全不准。

	A	B		D	数量	数量	金额
1	销售日期	地区	商品名称	数量	数量	金额
2	2011/2/3	六安	杨过	A	196	52	10,192
3	2011/2/8		郭靖	B	182	19	3,458
4	2011/2/13	巢湖 合并单元格	Excel达人-储君	A	67	91	6,097
5	2011/2/18		独孤求败	A	144	13	1,872
6	2011/2/23	滁州	老顽童	B	101	46	4,646
7	2011/2/28		扫地僧	B	168	63	10,584
8	2011/3/5	马鞍山	黄老邪	C	196	37	7,252
9	2011/3/10	六安	乔峰	C	133	53	7,049
10	2011/3/15		段誉	A	86	51	4,386
11							
12	2011/3/20	巢湖	老顽童	B	127	29	3,683
13	2011/3/25	六安	杨过	D	171	85	14,535
14	2011/3/30	合肥	段誉	E	170	84	14,280
15	2011/4/4	巢湖	Excel达人-储君	F	164	41	6,724
16	2011/4/9	滁州	独孤求败	G	189	15	2,835
17	2011/4/14	巢湖	Excel达人-储君	G	56	41	2,296
18							
19	2011/4/19	安庆	虚竹	D	85	94	7,990

图 11-12

前两个问题都好解决：给空字段加上名称，给相同的字段用不同的名称命名即可。后面3个问题也有快捷的处理方法。之前的内容中也都有提到，这里再复习一下。

11.4.1 批量取消合并单元格

批量取消合并单元格并填充单元格的操作很简单，具体步骤如下所示。

（1）选中所有合并单元格，单击"合并后居中"按钮，取消单元格合并。

（2）按F5键调出"定位"对话框，定位所有空值。

（3）再在空单元格中（B3）输入"=B2"，按快捷键Ctrl+Enter即可，见图11-13。

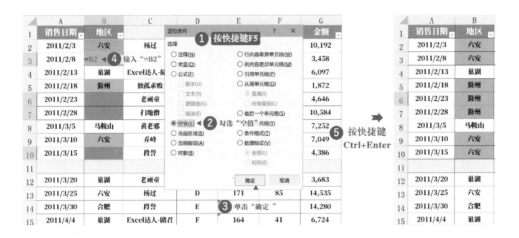

图 11-13

11.4.2　批量删除空行

批量删除空行有很多方法，常见的方法有两种：筛选法和定位法。

筛选法的操作介绍如下。

（1）选择数据区域并添加筛选。选择"商品名称"字段，将筛选条件设为"空白"，见图11-14。

（2）选中空白行，单击鼠标右键，在弹出的快捷菜单中选择"删除行"命令。

（3）完成后，取消筛选即可。

定位法的操作介绍如下。

（1）选中数据区域，单击"定位"按钮，在弹出的对话框中将定位条件设为"空值"，见图11-15。

（2）单击鼠标右键，在弹出的快捷菜单中选择"删除行"命令即可。

	销售日期	地区	销售员	商品名称	数量1	数量2	金额
1	销售日期	地区	销售员	商品名称	数量1	数量2	金额
2	2011/2/3	六安	↑↓ 升序(S)		196	52	10,192
3	2011/2/8	六安	↓↑ 降序(O)		182	19	3,458
4	2011/2/13	巢湖	按颜色排序(T) >		67	91	6,097
5	2011/2/18	滁州	从"商品名称"中清除筛选(C)		144	13	1,872
6	2011/2/23	滁州	按颜色筛选(I) >		101	46	4,646
7	2011/2/28	滁州	文本筛选(F) >		168	63	10,584
8	2011/3/5	马鞍山	搜索 🔍		196	37	7,252
9	2011/3/10	六安	☑(全选) ☐A ☐B		133	53	7,049
10	2011/3/15	六安	☐C ☐D ☐E ☐F ☐G		86	51	4,386
11			☑(空白)				
12	2011/3/20	巢湖	只筛选"空白"内容	27	29	3,683
13	2011/3/25	六安		171	85	14,535
14	2011/3/30	合肥	确定 取消	170	84	14,280
15	2011/4/4	巢湖	Excel达人-储君	F	164	41	6,724
16	2011/4/9	滁州	独孤求败	G	189	15	2,835
17	2011/4/14	巢湖	Excel达人-储君	G	56	41	2,296
18							
19	2011/4/19	安庆	虚竹	D	85	94	7,990

图 11-14

	销售日期	地区	销售员	商品名称	数量1	数量2	金额
1	销售日期	地区	销售员	商品名称	数量1	数量2	金额
2	2011/2/3	六安	杨过	A	196	52	10,192
3	2011/2/8	六安	郭靖	B	182	19	3,458
4	2011/2/13	巢湖	Excel达人-储君	A	67	91	6,097
5	2011/2/18	滁州	独孤求败	A	144	13	1,872
6	2011/2/23	滁州	老顽童	B	101	46	4,646
7	2011/2/28	滁州	扫地僧	B	168	63	10,584
8	2011/3/5	马鞍山	黄老邪	C	196	37	7,252
9	2011/3/10	六安	乔峰	C	133	53	7,049
10	2011/3/15	六安	段誉	A	86	51	4,386
11							
12	2011/3/20	巢湖	老顽童	B	127	29	3,683
13	2011/3/25	六安	杨过	D	171	85	14,535
14	2011/3/30	合肥	段誉	E	170	84	14,280
15	2011/4/4	巢湖	Excel达人-储君	F	164	41	6,724
16	2011/4/9	滁州	独孤求败	G	189	15	2,835
17	2011/4/14	巢湖	Excel达人-储君	G	56	41	2,296
18							
19	2011/4/19	安庆	虚竹	D	85	94	7,990

定位条件 ? ×

选择
○ 注释(N)　　　　　　○ 行内容差异单元格(W)
○ 常量(O)　　　　　　○ 列内容差异单元格(M)
○ 公式(F)　　　　　　○ 引用单元格(P)
　☐ 数字(U)　　　　　○ 从属单元格(D)
　☐ 文本(X)　　　　　　○ 直属(I)
　☐ 逻辑值(G)　　　　　○ 所有级别(L)
　☐ 错误(E)　　　　　○ 最后一个单元格(S)
● 空值(K)　　　　　　○ 可见单元格(Y)
○ 当前区域(R)　　　　○ 条件格式(T)
○ 当前数组(A)　　　　○ 数据验证(V)
○ 对象(B)　　　　　　　● 全部(L)
　　　　　　　　　　　　○ 相同(E)

确定　取消

定位"空值"可批量选中

图 11-15

11.4.3　批量转换文本型数字

利用分列功能可以轻松转换文本形式的数字，只需要选中包含文本形式的数字的列，单击"分列"按钮，在弹出的对话框中单击"完成"按钮即可，见图 11-16。

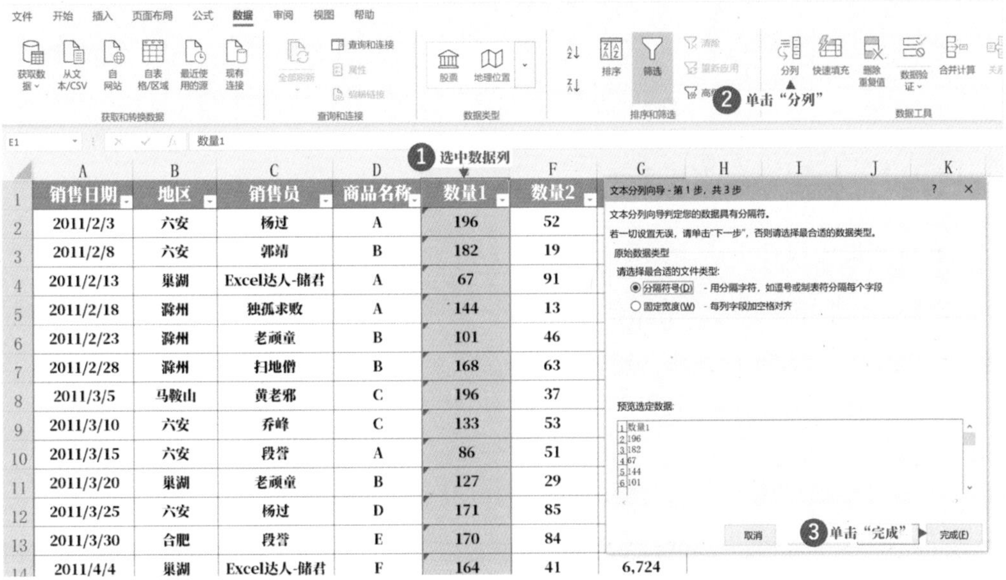

图 11-16

高手思维——数据分析七步走

Excel的数据分析只有七步，数据透视表就是典型的数据分析场景，包括思考（要什么结果）→获取（数据从哪来）→规范（数据规范化处理）→计算（函数加工转换）→分析（数据透视表），后面还会介绍如何将分析结果更有效地转换和呈现。这七个步骤全部完成，才算是完整走完了数据分析流程。但是Excel数据分析的基本思路是贯穿始终的。

第12课　数据透视表的高阶应用

12.1　数据透视表更新

数据透视表最让人省心的地方就在于：如果原始数据发生变化，则只需一步简单的操作，分析结果就会自动重新计算。这一步操作就是在数据透视表上单击鼠标右键，在弹出的快捷菜单中选择"刷新"命令。

还有一种情况需要注意：如果在原始数据表中增加了行或列，就需要通过更改数据源的方式把新增的数据纳入分析中。具体操作见图 12-1。

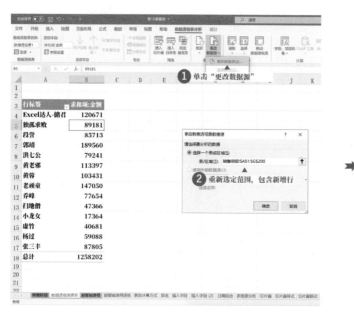

图 12-1

但是每次都这样更改数据源好像也挺麻烦的，万一忘记了，结果就会出错。有没有一劳永逸的办法能让数据透视表自动识别数据源的变更呢？还真有，此时需要把原始数据表转换为"超智能表格"。

在第4课中介绍了超智能表格这个神奇的功能，利用超智能表格可以轻松实现数据的自动更新。下面通过一个案例来了解具体操作。

第一步，把原始表格转换成超智能表格。选中数据区域，按快捷键Ctrl+T，在弹出的对话框中单击"确定"按钮即可，见图 12-2。

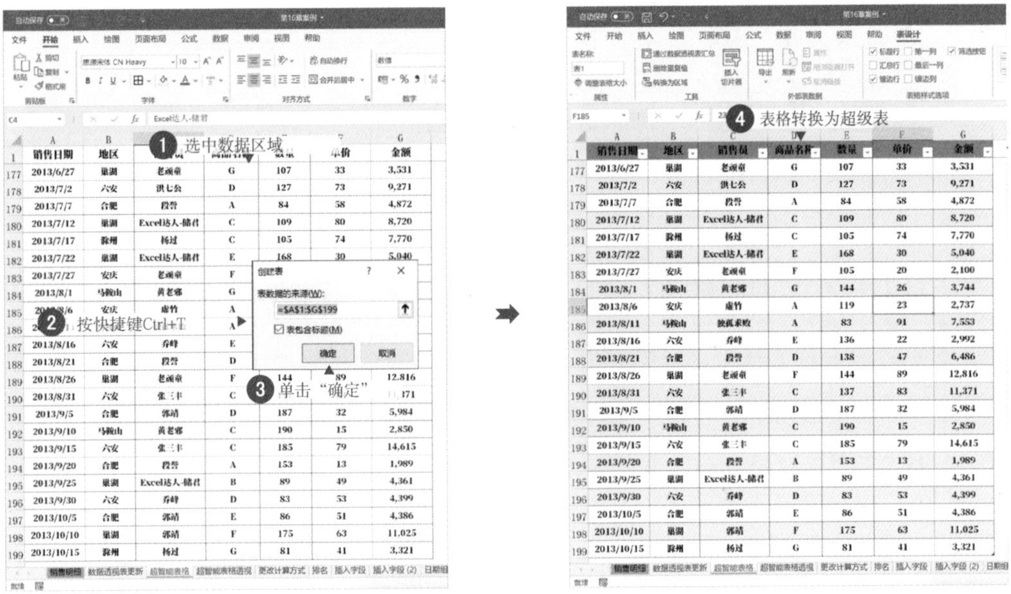

图 12-2

第二步，创建数据透视表。这时数据透视表自动识别的数据区域不再是具体的引用区域，而是变成了"表1"字样，这说明选定的数据区域是上一步设定好的超智能表格，见图 12-3。

现在创建好了数据透视表，在改变原始数据表（加入新的行和列）后，再刷新数据透视表后，数据透视表就会自动识别数据区域，这样就可以避免忘记更新数据区域了。

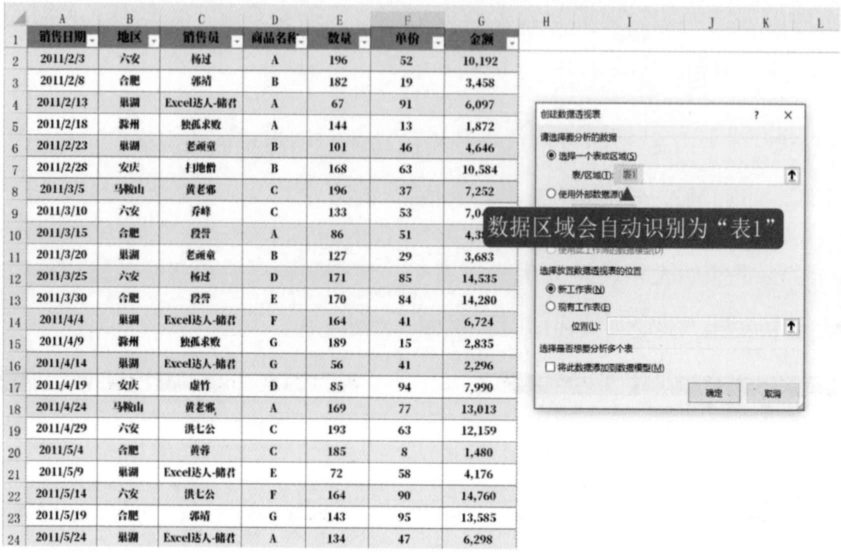

图 12-3

高手思维——批量自动

利用超智能表格，可以做到自动更新数据透视表的数据区域。这个操作体现了"批量自动"的思维。在最开始的时候多一步操作，会让后期的数据分析变得更简单，更自动化，而且不容易出错。

12.2 更改计算方式

12.2.1 对字段进行计数

有的时候，我们除想要了解每个销售员完成的销售额外，还想要了解他们分别完成了多少笔订单。这时候就需要把值字段的计算方式由"求和"转换为"计数"。具体操作也很简单，直接在数据透视表的值字段中单击鼠标右键，在弹出的快捷菜单中选择"值汇总依据"—"计数"命令即可，见图 12-4。

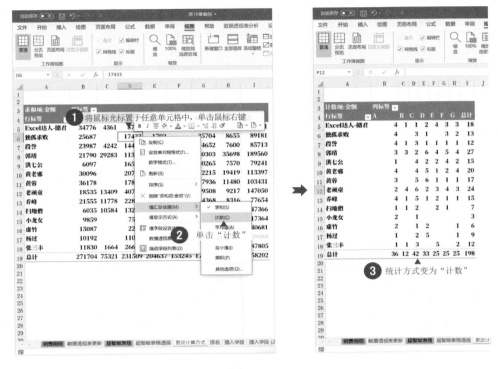

图 12-4

除以上两种计算方式外，值字段的计算方式还有计算平均值、最大值、最小值等，读者可以根据实际需求选择合适的计算方式。

12.2.2　占比的计算

如果老板想看百分比数值该怎么办？想要数值以百分比的形式显示，则可以直接在数据透视表的值字段中单击鼠标右键，在弹出的快捷菜单中选择"值显示方式"—"总计的百分比"命令即可，见图 12-5。

"总计的百分比"显示的是某一个数值占总数的百分比，是比较常用的一种形式，还有其他两种常见的形式。

当我们想看某个数值在行字段或者列字段（即垂直维度）上的占比时，就需要用到行/列汇总百分比。下面通过具体的案例来介绍。

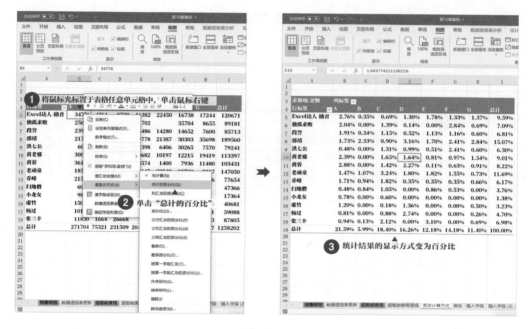

图 12-5

列汇总百分比：比如在图12-6所示的案例中，要查看同一个产品对应的不同销售员的销售占比时，就可以用列汇总百分比，这时每个产品所在列的汇总为100%，见图12-6。

求和项:金额	列标签							
行标签	A	B	C	D	E	F	G	总计
Excel达人-储君	12.80%	5.79%	3.77%	8.01%	14.65%	9.38%	12.02%	9.59%
独孤求败	9.45%	0.00%	7.53%	0.83%	0.00%	20.02%	6.03%	7.09%
段誉	8.83%	5.63%	6.25%	3.17%	9.32%	8.21%	5.30%	6.81%
郭靖	8.02%	38.88%	4.89%	19.44%	13.96%	16.99%	24.89%	15.07%
洪七公	2.24%	0.00%	7.13%	6.06%	4.18%	16.97%	5.28%	6.30%
黄老邪	11.08%	0.00%	8.98%	10.11%	6.65%	6.85%	13.54%	9.01%
黄蓉	13.32%	0.00%	7.72%	13.96%	0.91%	4.45%	8.00%	8.22%
老顽童	6.82%	17.80%	17.62%	11.07%	14.98%	10.94%	6.43%	11.69%
乔峰	7.93%	15.64%	9.89%	2.15%	2.84%	2.45%	5.80%	6.17%
扫地僧	2.22%	14.05%	5.72%	0.00%	7.06%	3.74%	0.00%	3.76%
小龙女	3.63%	0.00%	3.24%	0.00%	0.00%	0.00%	0.00%	1.38%
虚竹	5.55%	0.00%	0.98%	8.34%	0.00%	0.00%	4.37%	3.23%
杨过	3.75%	0.00%	4.77%	16.87%	0.00%	0.00%	2.32%	4.70%
张三丰	4.35%	2.21%	11.52%	0.00%	25.45%	0.00%	6.03%	6.98%
总计	100.00%	100.00%	100.00%	100.00%	100.00%	100.00%	100.00%	100.00%

图 12-6

行汇总百分比： 如果想要看同一个销售员所销售的不同产品占比时，就可以用行汇总百分比，这时销售员所在行的汇总为100%，见图12-7。

求和项:金额	列标签							
行标签	A	B	C	D	E	F	G	总计
Excel达人-储君	28.82%	3.61%	7.23%	13.58%	18.60%	13.87%	14.29%	100.00%
独孤求败	28.80%	0.00%	19.55%	1.91%	0.00%	40.04%	9.70%	100.00%
段誉	27.99%	4.95%	16.88%	7.57%	16.66%	17.09%	8.87%	100.00%
郭靖	11.50%	15.45%	5.97%	20.98%	11.28%	15.99%	18.83%	100.00%
洪七公	7.69%	0.00%	20.83%	15.65%	8.08%	38.19%	9.55%	100.00%
黄老邪	26.54%	0.00%	18.33%	18.24%	8.99%	10.77%	17.12%	100.00%
黄蓉	34.98%	0.00%	17.27%	27.63%	1.35%	7.67%	11.10%	100.00%
老顽童	12.60%	9.12%	27.74%	15.40%	15.61%	13.27%	6.27%	100.00%
乔峰	27.76%	15.17%	29.47%	5.66%	5.60%	5.62%	10.71%	100.00%
扫地僧	12.74%	22.35%	27.98%	0.00%	22.85%	14.08%	0.00%	100.00%
小龙女	56.78%	0.00%	43.22%	0.00%	0.00%	0.00%	0.00%	100.00%
虚竹	37.09%	0.00%	5.58%	41.94%	0.00%	0.00%	15.40%	100.00%
杨过	17.25%	0.00%	18.69%	58.44%	0.00%	0.00%	5.62%	100.00%
张三丰	13.47%	1.90%	30.37%	0.00%	44.42%	0.00%	9.84%	100.00%
总计	21.59%	5.99%	18.40%	16.26%	12.18%	14.18%	11.40%	100.00%

图 12-7

12.2.3　列出排名

在Excel中，如果想要进行排名，则可以利用RANK函数来实现。但是如果在数据透视表中要进行排名，则利用RANK函数就不太适合了，因为数据透视表的结果会根据原始数据的变动而不断变动。其实在数据透视表中是有排名功能的，下面通过一个例子来具体介绍。

如图12-8所示，为了保证原始数据不变，可以再把"金额"字段拖入值区域中，这时数据透视表中会呈现两个金额字段，见图 12-8。

选中"金额2"字段中的任意数值，单击鼠标右键，在弹出的快捷菜单中选择"值显示方式"—"降序排列"命令，具体操作见图 12-9，即可实现排名。

图 12-8

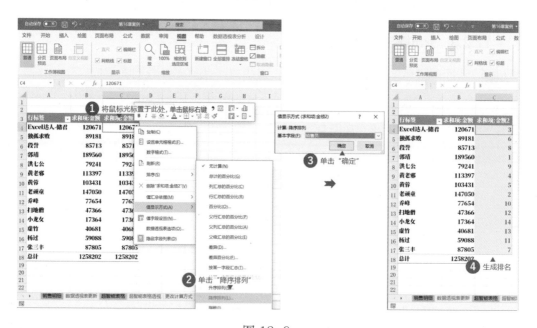

图 12-9

TIPS：一个字段可以多次被拖入值区域中，这是一个非常有用的技巧，这样可以用多种形式来呈现金额汇总结果，同时可以进行求和、计数、百分比、排序等。

12.3　计算字段

在使用数据透视表时，往往还需要对一些数据进行计算，比如根据销售总额和销售数量计算出平均销售价格。偷懒的办法是直接通过公式来计算，但是这样做会让公式无法随着数据透视表的变动而自动变动。

其实最好的办法是在数据透视表中插入计算字段。所谓的计算字段，其实就是根据原有的字段在进行简单计算之后得出的新字段。

在图12-10所示的案例中，要根据销售总额和销售数量计算出平均销售价格，可以进行图 12-10所示的操作。

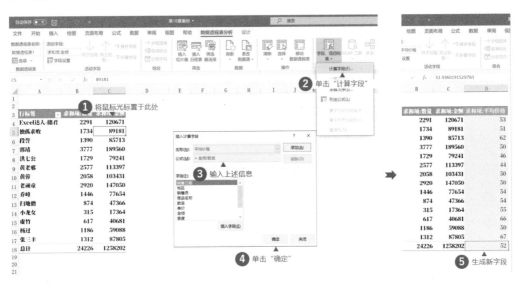

图 12-10

使用计算字段除了可以在字段之间进行四则运算，还可以加入常量。比如在上面的案例中，如果销售员的提成比例固定为5%，想要计算出销售员提成，就可以进行下面的操作。

将鼠标光标置于数据透视表内任意单元格中，在"数据透视表分析"选项卡下，单击"字段、项目和集"命令，在"插入计算字段"对话框中进行设置，见图12-11。

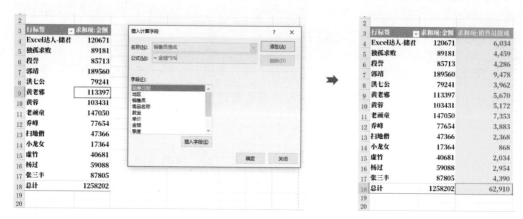

图 12-11

12.4　日期分组

在实际工作中，原始数据表中往往包含具体的日期，但是在分析数据时经常要按照月度、季度或者年度进行分析。这时该怎么办呢？

有聪明的读者会立刻想到增加辅助列，用日期函数提取出年、月、日数据，这样做不是不行，就是相当麻烦。因为如果有好几个年度，就需要添加好几列辅助列。

其实在数据透视表中利用"组合"功能，就可以自动地把数据按照月度、季度或者年度进行分组。具体操作见图 12-12。

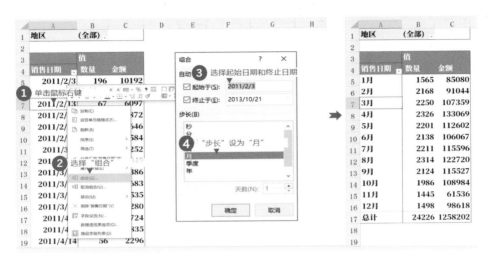

图 12-12

不过需要注意的是，如果有多个年度，则按照"月"组合时，会把几个年度中相同月份的数据都汇总在一起。所以，下一步还可以依葫芦画瓢，在"步长"处同时选择"年"和"月"，这样就避免了这个问题，结果见图 12-13。

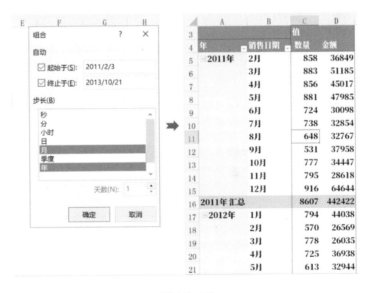

图 12-13

这种方式比添加辅助列简单多了吧。只有透彻地理解Excel的功能，才能在恰当的时候选择最合适的方法。

TIPS：有时候日期不能被分组，原因在于其中存在各种"假日期"，比如20170101、2017.1.1等。所以要先检查原始数据，确定全部为真日期之后，就可以顺利分组了。

12.5 多维度分析

在数据透视表中，不但可以完成简单的分析，还可以通过行字段、列字段、值字段的不同组合进行复杂的多维度分析。

在图12-14所示的这个案例中，最开始是简单地按照地区汇总销售金额。

图 12-14

接下来，多增加一个维度，把"销售员"字段拖动到行区域中，此时会发现数据透视表中直接给出了分地区、分销售员的金额汇总，不同的行字段之间按照顺序呈现互相嵌套的关系，见图12-15。

再增加一个分析维度，把"数量"字段拖动到值区域中，此时会发现分析结果也增加了"数量"的求和，见图12-16。

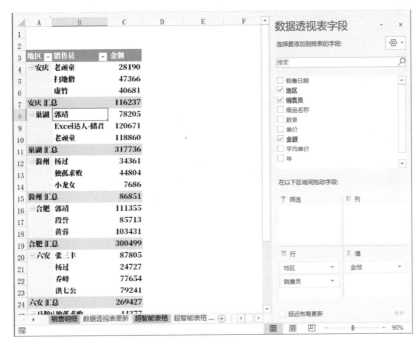

图 12-15

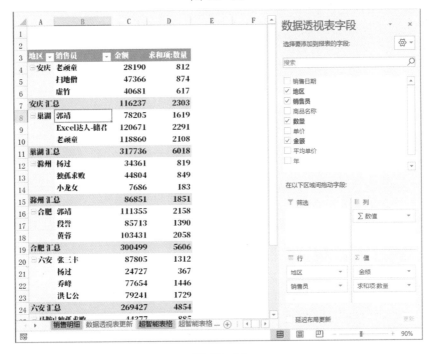

图 12-16

接着增加一个分析维度，把"商品名称"字段拖动列区域中，会发现分析结果按照不同商品进行了细分，见图12-17。

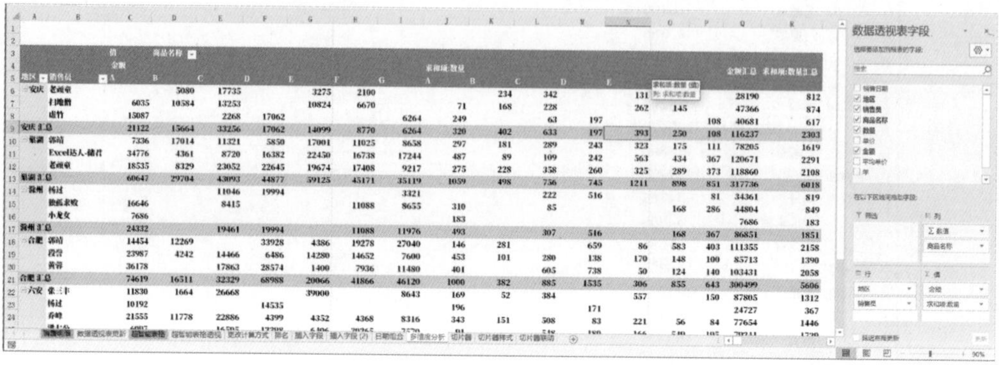

图 12-17

有了这些维度，应对普通的数据分析需求应该没有问题了。只是简单地拖拖拽拽，就可以完成这么复杂的数据分析，这才是数据透视表的真正强大之处。

需要注意的是，应该尽量避免设置这么复杂的数据透视表，虽然其中的数据很全面，但是重点被弱化了。所以，为了避免出现这样的情况，可以筛选字段。

比如在上面的案例中，加入"商品名称"字段后，这个数据透视表就变得非常复杂。其实在每次查看数据时，大多只会有针对性地查看某一个商品。因此，可以把"商品名称"字段拖动到筛选区域中，这样就可以利用筛选来避免表格的庞杂和混乱，见图12-18。

图 12-18

12.6　切片器

利用筛选字段，可以有效地筛选数据。不过当我们想要筛选的条件不止一个时，利用筛选字段就不方便了，怎么办？还可以使用切片器，在第4课中已经介绍过切片器的基本用法，在数据透视表中它也有很大的用武之地。

在图12-19所示的案例中，可以插入"年度""地区"和"商品名称"字段作为切片器，这样就可以根据这3个字段进行组合筛选，具体操作见图 12-19。

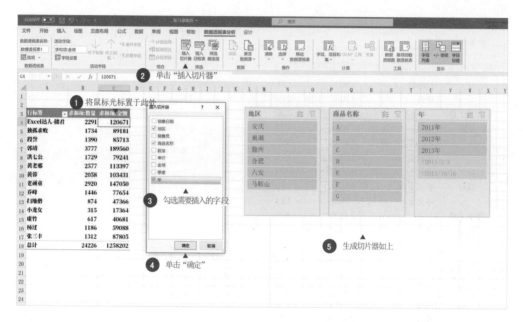

图 12-19

插入切片器后，其用法和第4课中所介绍的是一样的，想看哪里单击哪里就可以了。比如想要看2012年安庆地区A商品的销售情况，就可以在切片器中选择"安庆"地区、"A"商品和"2012年"，结果见图 12-20。

图 12-20

还可以更改切片器的样式，让原来纵向排布的切片器变成横向排布，比如想把"地区"切片器按照横向排布，先要选中切片器，然后在"切片器"选项卡中设置列数为6，结果见图 12-21。

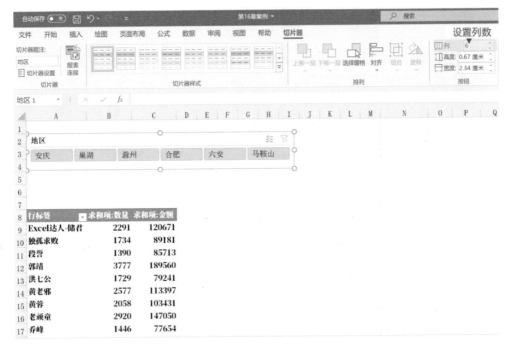

图 12-21

利用切片器可以动态展示数据，非常方便。假如有多个数据透视表，则还可以实现多表联动。比如在图12-22所示的案例中，有两个数据透视表，分别是按销售员进行销售数量统计和按照商品进行销售金额统计。如果想利用切片器实现按地区同时筛选两张数据透视表，则具体操作见图 12-22。

有一点需要注意，如果Excel工作簿中有多张数据透视表，则最好分别给数据透视表命名，否则在连接数据透视表时，就搞不清哪张表是你想要的透视表。给数据透视表命名的操作见图 12-23。

高手思维——简单是极致的复杂

在数据分析的过程中，常常一不小心就会出现分析结果过度复杂从而导致重点不突出的情况，数据透视表的多维度分析虽然很方便，但是一定要避免出现分析结果没有重点的情况。利用筛选字段或者切片器不但能让数据透视表重点突出，而且能做到自动化。这是非常重要的数据分析思维方式。

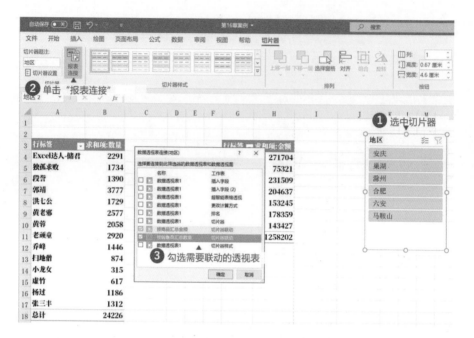

图 12-22

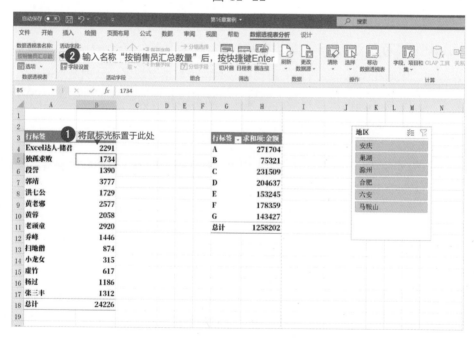

图 12-23

第13课　数据透视表的布局和美化

通过前面的介绍，相信读者应该学会了用数据透视表进行数据分析。但是，由于数据透视表默认的样式和我们平常所用的表格不太一样，所以很多人可能需要把分析结果复制出来，重新调整格式。其实大可不必，也可以直接将数据透视表生成普通表格的样式。本课就介绍数据透视表的布局和美化。

13.1　数据透视表的3种布局

数据透视表的布局是指数据透视表以何种方式呈现。在Excel中，数据透视表有3种基本布局，分别是"以压缩形式显示""以大纲形式显示"和"以表格形式显示"。设置的方法是选中数据透视表后，在"设计"选项卡中单击"报表布局"命令，再选择相应的布局方式即可，见图13-1。

图 13-1

这3种方式各有特点，下面分别介绍。

13.1.1 压缩形式

压缩形式是数据透视表默认的布局形式，其特点是就算有多个行字段，也只占一列，分项汇总（即汇总行）在每一个分项的上方显示，见图 13-2。

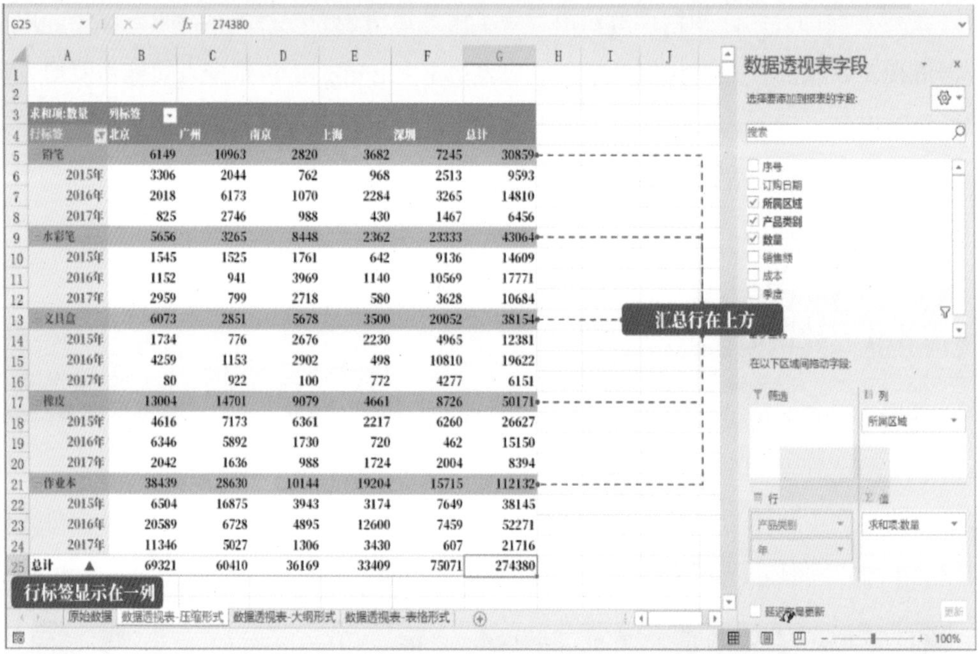

图 13-2

13.1.2 大纲形式

大纲形式的特点是多个行字段分别占不同列，分项汇总是在每一分项的上方显示。例如在图13-2中，行字段有两个，那么在大纲形式的布局下行字段就会占两列，而不像在压缩形式的布局下只占一列，见图 13-3。

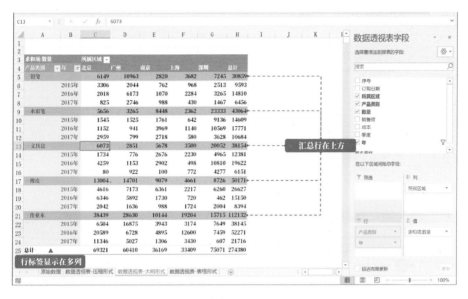

图 13-3

13.1.3　表格形式

表格形式是最贴近我们日常使用的表格的布局形式，它的特点是多个行字段分别占不同列，分项汇总是在每一分项的下方显示，这些都与我们日常使用的表格很接近，见图 13-4。

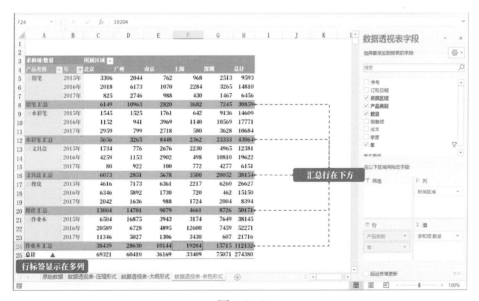

图 13-4

13.2 显示和隐藏汇总

有的时候，将分项汇总放在数据透视表中会让表格看起来很复杂，而且并不是必须要看到分项汇总，甚至连总计行都不需要。遇到这种情况时可以在"设计"选项卡中进行设定。

13.2.1 隐藏分类汇总

如果想要隐藏每个项目的分类汇总，则可以进行图 13-5所示的操作。

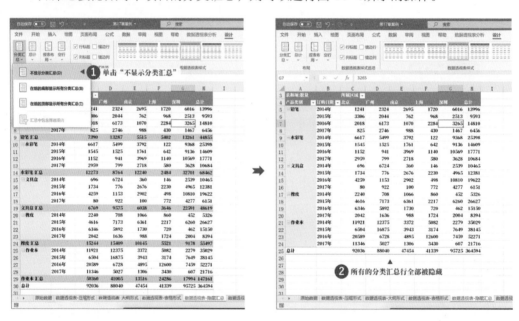

图 13-5

13.2.2 隐藏总计

如果想要隐藏总计行，则可以进行图 13-6所示的操作。

如果只是想要隐藏行或者列的总计，则可以选择"仅对行启用"或者"仅对列启用"命令。

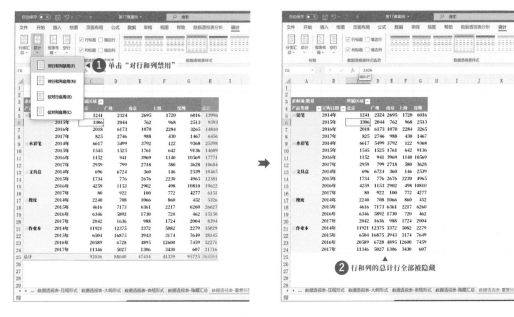

图 13-6

13.3 美化数据透视表细节

13.3.1 标签项重复显示

对以大纲形式和表格形式显示的数据透视表来说，因为行字段是多列并排显示的，所以前面的行字段往往对应后面的多个字段，但是默认的数据透视表样式是前面的行字段只显示一行，这让表格看起来有点别扭。如何优化呢？其实只需要设置重复项目标签即可解决，具体操作见图 13-7。

13.3.2 合并标签行

前面提到的问题用重复项目标签可以解决，但是在打印表格时，会显得有些冗余。这时你需要使用合并行标签，它可以把相同的行标签合并到一个单元格中，具体操作见图 13-8。

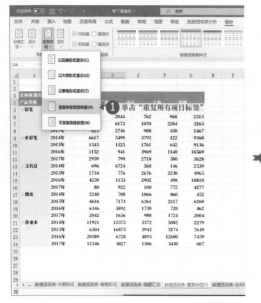

图 13-7

图 13-8

TIPS：合并单元格对于后面的数据分析会存在巨大的威胁，需要谨慎使用，一般只建议在打印最终表格时使用。

13.3.3　消除"+/-"按钮

在数据透视表中，行标签前面总是有"+/-"符号，虽然它方便折叠和展开数据，但是看起来很别扭。其实可以将其隐藏，具体操作见图13-9。

图 13-9

13.3.4　刷新后格式不变

有时通过数据透视表自动生成的表格中的数据会比较紧凑，在打印的时候，往往需要重新调整行高和列宽。但是在默认的情况下，如果刷新数据透视表，则行高和列宽会自动变回去。这样一来，每刷新一次数据透视表就要调整一次行高和列宽，太麻烦了。其实可以使用一招轻松解决这个问题，具体操作见图13-10。

图 13-10

13.4 数据透视表的另类玩法

13.4.1 对原始表格纠错

数据透视表还有纠错的功能（估计你对此会有一点惊讶），而且此功能还很强大。下面还是用案例来说明。

图13-11所示的案例是统计不同地区的文具销量，在产品类别中只有5种文具，分别是"铅笔""水彩笔""文具盒""橡皮"和"作业本"。假如在大量的原始数据中混入了一些错误的产品品类，则很难发现，而利用数据透视表可以轻松发现错误值。首先建立数据透视表，接下来的操作见图 13-11。

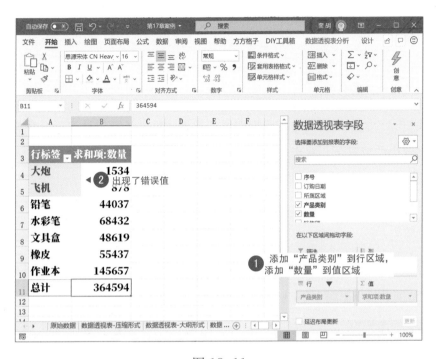

图 13-11

发现了错误值，但是怎么定位错误值呢？其实非常简单，只需要双击错误值，即可生成一个全新的工作表，其中展示了明细数据，让错误值无所遁形，见图 13-12。

图 13-12

利用数据透视表的这个特性，如果想要提取某一个产品类别的明细表，则可以直接双击某个产品类别，比如双击"铅笔"就可以得到产品类别为"铅笔"的明细表。

如果双击的是"总计"字段，则会生成一个全新的工作表，里面是所有的原始数据。

13.4.2 快速拆分表格

利用13.4.1节介绍的双击字段提取原始数据的特性，可以快速拆分表格。在产品类别比较少的情况下，双击几次，就能按照产品类别把原始数据拆分到不同的工作表中。不过这种方式只适用于产品类别比较少的情况，如果有几十个产品列表，那么这样操作的效率就太低了，更快捷的操作方式是利用数据透视表的筛选字段来自动拆分数据。

还是以13.4.1节的文具销售数据为例，这里需要将数据按照所属区域拆分成不同的数据表，具体操作见图 13-13。

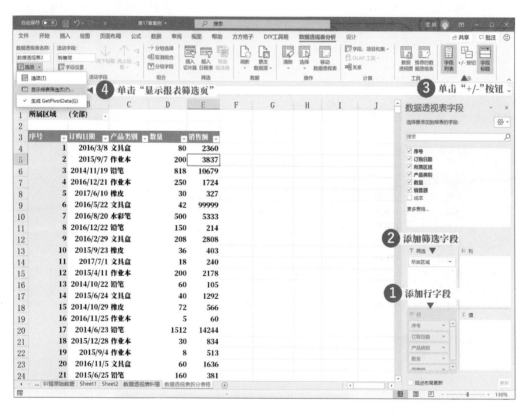

图 13-13

操作完成后，自动生成不同地区的数据表，并且已经按照地区进行了命名，非常方便，见图13-14。

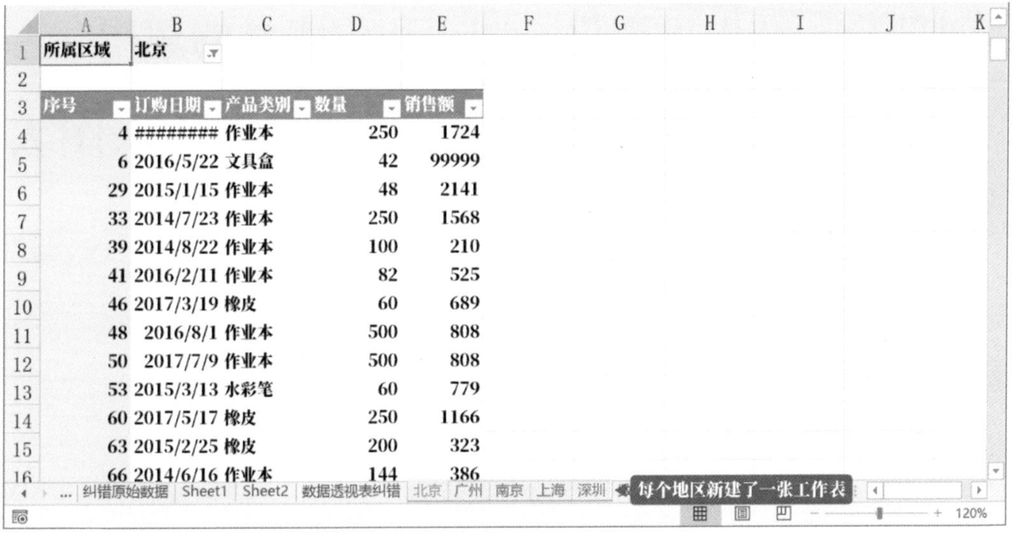

所属区域	北京			
序号	订购日期	产品类别	数量	销售额
4	########	作业本	250	1724
6	2016/5/22	文具盒	42	99999
29	2015/1/15	作业本	48	2141
33	2014/7/23	作业本	250	1568
39	2014/8/22	作业本	100	210
41	2016/2/11	作业本	82	525
46	2017/3/19	橡皮	60	689
48	2016/8/1	作业本	500	808
50	2017/7/9	作业本	500	808
53	2015/3/13	水彩笔	60	779
60	2017/5/17	橡皮	250	1166
63	2015/2/25	橡皮	200	323
66	2014/6/16	作业本	144	386

图 13-14

13.4.3 避免原始数据泄露

有时，我们不方便将原始数据发送给客户或合作方，只能发送数据透视表。但是如果你以为删除了原始数据表就可以了，就大错特错了。如果直接发送数据透视表，则别人可以从中直接提取原始数据：双击数据透视表即可，在13.4.2节已经介绍过相关的方法。

为了避免原始数据泄露，需要把数据透视表转换成普通表格。这看起来好像是一个艰巨的任务，但是操作非常简单。只需要复制数据透视表，在新工作表中单击鼠标右键，在弹出的快捷菜单中选择“粘贴为数值”命令即可。这样就不存在数据泄露的风险了。

第4部分 结果可视化：图表和仪表盘的运用

第14课 认识图表

14.1 为什么要用图表

文不如表，表不如图，图表有先天的信息传达优势。在一大堆数据中，你很难找到重点或整体发展趋势，但是如果换成图表，就一目了然。做一个简单的测试，下面是一张表格（见图 14-1），你能在1秒之内找出最高值吗？

	A	B	C	D	E	F	G
1	选手1	选手2	选手3	选手4	选手5	选手6	选手7
2	38	53	38	49	34	38	47

图 14-1

显然不能，但是如果换成图14-2所示的图表，你就可以在1秒之内找出最高值，也可以看出整体的数据如何。这就是用图表来传达信息的好处：直观且重点突出。

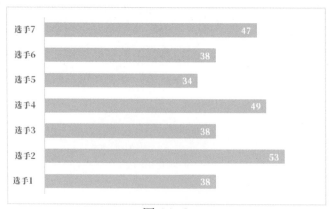

图 14-2

14.2 图表的制作流程

在开始制作图表之前，必须先理清思路。如果思路不清，那么制作的图表可能也会混乱不堪，让人抓不住重点。从原始数据到数据图表往往要经历以下3步，见图14-3。

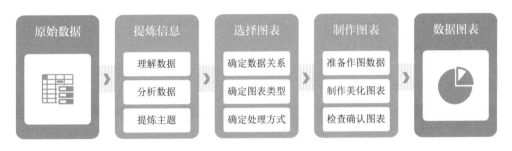

图 14-3

14.2.1 第一步：提炼信息

想要从原始数据中提炼出有用的信息，必须先做到对数据有全面的理解，得知道这些数据是从哪里来的，反映什么情况。然后对数据进行进一步的分析，从纷繁复杂的原始数据中得到数据的趋势或者反映的问题。分析之后，就可以对得到的趋势或者反映的问题进行提炼，明确图表要表达什么重点。

14.2.2 第二步：选择图表

通过提炼信息知道要表达的重点之后，就要选择合适的图表。首先要明确数据呈现的关系是什么，是对比、趋势、分布，还是构成。然后根据关系选择图表的基本类型。最后再确定图表的处理方式，是展现整体趋势，还是聚焦局部的对比。

14.2.3 第三步：制作图表

上一步完成后，剩下的就是制作图表了。首先要准备合适的数据，可能需要对数据进行调整和修订，以更好地适应特定图表的数据需求。然后再制作图表，进行调整和美化。最后别忘了检查及确认图表中的数据，以确保准确无误。

按照以上3步来制作图表，会让图表看起来一目了然，让别人一下就能抓住重点。

14.3　动手制作一张图表

既然图表这么有用，下面来看看如何制作一张图表。

14.3.1　插入图表

下面将图14-4所示的数据做成一个柱形图，具体操作见图 14-4。

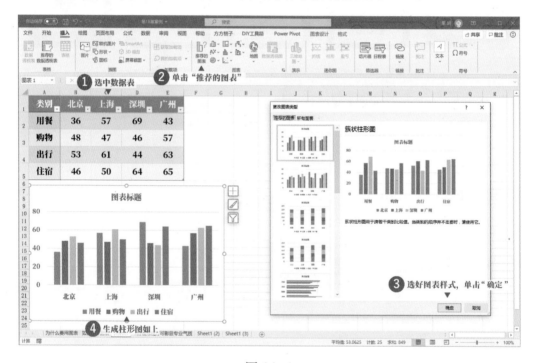

图 14-4

14.3.2　调整布局

直接创建出的图表的布局都不太好看，可以进行一些简单的修改，或者切换成Excel内置的其他布局。具体操作见图 14-5。

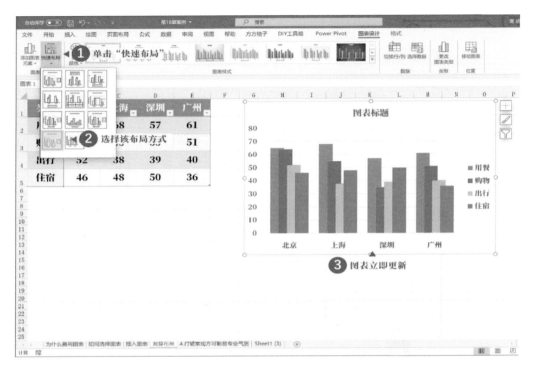

图 14-5

14.3.3 快速美化

最简单的美化图表的方法就是使用Excel自带的样式，直接挑选一个你看着顺眼的就可以。操作也很简单，选中图表后，单击图表样式栏中的某个样式，图表会自动更新，见图 14-6。

图 14-6

其实，想要把图表设置好，关键在于是否在合适的情景下，使用了合适的图表样式。

14.4　图表类型如何选

Excel中有那么多种图表类型，到底如何选择才能最恰当地突出要表达的主题？其实常见的数据关系只有4种：比较、趋势、分布和构成，具体对应的图表类型选择可以参考图 14-7。

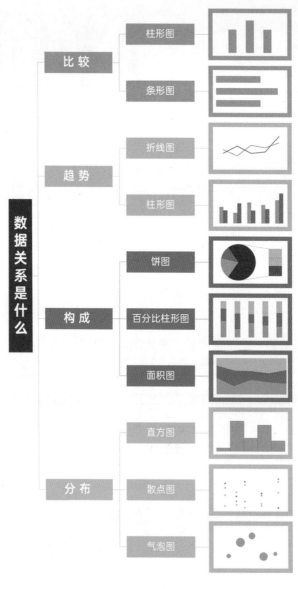

图 14-7

14.5 图表美化的基本思路

默认的Excel图表样式还是有一些呆板，页面中的元素太多，太分散，不能突出主题，还容易分散读者的注意力。想要让图表更美观，就要打破常规，这样才能展现图表的专业气质。具体可以从以下3个方面入手。

14.5.1 打破"颜色"的限制

Excel中自带的图表配色方案颜色过于跳跃，美观度不够，而且因为被大量使用，所以容易让人产生审美疲劳。图14-8所示的是Excel默认的配色对比。

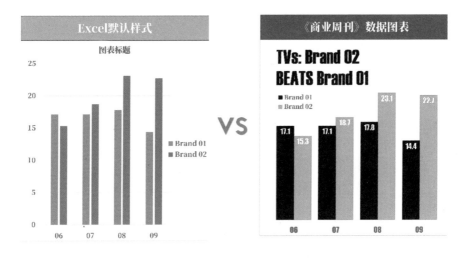

图 14-8

"没有对比就没有伤害"，虽然同样是使用了两种颜色，但是给人的感觉明显不同，商业图表偏向于使用蓝色、黑色等冷色调，会显得冷静、专业。

14.5.2 打破"布局"的限制

在Excel默认的图表布局中，图表区被分割得太散，标题区、图例区、绘图区严重分离，让读者的视线必须不停地来回移动才能搞明白图表的含义，这样会显得很不专业，见图14-9。

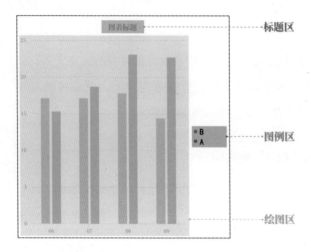

图 14-9

再来看一个商业图表案例，如图14-10所示。其中主标题非常突出，主标题下就是图例，紧接着就是图表区，让读者的视线可以一次性从上到下移动，准确读取图表信息。

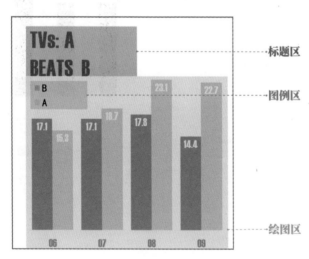

图 14-10

14.5.3 打破"全面"的限制

有的时候，我们通过数据分析后得到的信息较多，会想把所有的信息都在一张图表中表现出来，其实这是大忌。如果一张图表中包含了太多的信息，则会让读者抓不到重点，而且图表也会显得很凌乱。

对于这一点，商业图表做得就非常好。在商业图表中，一般一张图表中只会表达一个重点，比如图14-11所示的是电视机市场份额占比的比较，而且标题用了"TVs：A BEATS B（A的市场份额超越B）"准确表达了图表的重点。再通过数据的对比：A的市场份额逐年上升，B的市场份额有明显下降，让读者非常清晰地得出结论。

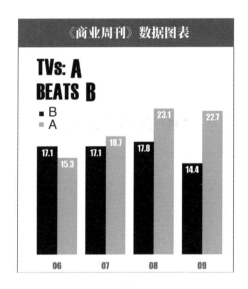

图 14-11

想要制作出"高大上"的商业图表，就需要多看相关的案例，《商业周刊》《经济学人》等杂志上都有不错的案例可以参考。要仔细分析这些案例为什么专业，以及从配色、布局再到突出的重点去了解和掌握商业图表的制作原则和方法。

第15课　轻松制作组合图表

有的时候，为了更加直观地呈现数据的变化，可以选择使用组合图表。组合图表就是把两种图表组合起来使用。比如图15-1，就是利用柱形图和折线图的组合，其中既展现了在不同年度每个月销售额的绝对数值，还反映了销售额同比变化情况，让一张图表可以呈现多层次的信息，见图 15-1。

图 15-1

15.1　数据的准备

想要制作这样的组合图表，首先要进行数据准备。组合图表有一个特点，即图表所展现的不同维度的数据是基于同一个对象的。比如图15-1所示的图表，要呈现的数据是每个月销售额的绝对值和销售额同比变化情况，这两者都是基于"月份"这个对象的。从最终制作出的图表来看，也可以理解为左右两个纵坐标（销售额的绝对值、销售额同比变化）对应的是同一个横坐标（月份）。

理解了这一点之后，就要按照这个特点来准备数据。把"月份"字段放在最左列，把"2015年""2016年"和"同比"字段分别放在后面的列中，见图15-2。

月份	2015年	2016年	同比
1月	100	120	20.0%
2月	120	160	33.3%
3月	144	150	4.2%
4月	173	180	4.2%
5月	207	220	6.1%
6月	249	300	20.6%
7月	299	450	50.7%
8月	358	400	11.6%
9月	430	500	16.3%

图 15-2

15.2 制作组合图表

数据准备好并选中数据之后，制作组合图表只需要单击几次鼠标即可，具体操作见图 15-3。

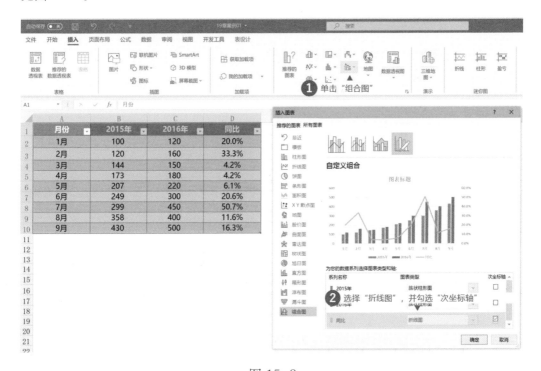

图 15-3

插入图表完成之后，图表会使用默认的样式，见图 15-4。

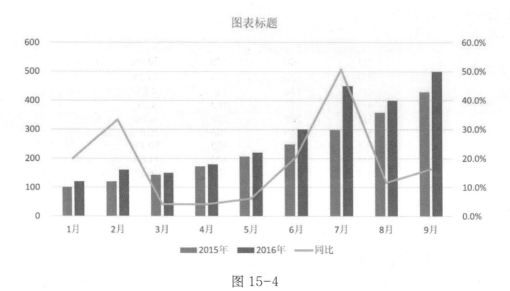

图 15-4

15.3 美化组合图表

15.2节生成的组合图表已经能把想要传达的信息表达清楚了，但是由于其使用的是默认样式，会显得比较呆板，所以需要美化一下图表。接下来通过3个简单的步骤来美化图表。

15.3.1 第一步：调整布局

首先需要调整的是图表的布局。图例在图表的下方，不但比较占空间，也会让读者的视线来回移动才能知道图表的含义。所以，首先把图例调整到图表左上方的空白区域中。同时把图表标题修改好，标题可以用结论性的语言，比如"王牌产品销量明显提升"之类的，会让人更感兴趣，见图15-5。

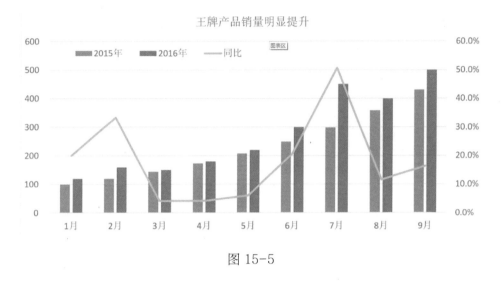

图 15-5

15.3.2　第二步：调整颜色

接下来，调整图表的配色。一般情况下，Excel自带的图表配色普遍不太好看，我们需要自定义图表的配色。选中图表中的柱形或者线条，在"格式"选项卡中更改填充颜色即可。在本例中，把2015年对应的柱形设置为浅一些的蓝色，把2016年对应的柱形设置为深一些的蓝色，把折线的颜色设置为黄色，见图 15-6。

图 15-6

15.3.3 第三步：优化细节

下面还要再优化一下图表的细节，包括修改字体、调整字号、删除水平的网格线（选中网格线后，按Delete键即可删除），以及把折线调整为平滑的曲线（具体操作见图15-7）。

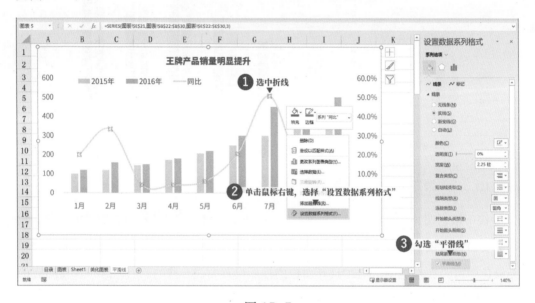

图 15-7

第16课　动态图表

一般的图表都是静态的，只能反映一组静态的数据，如果需要表现多个数据，则往往需要做很多张图表，但是这样需要来回切换才能查看，非常麻烦。而动态图表是可以根据特定条件自动变化的图表。在展示数据时，动态图表有先天的优势，让人有一种"指哪打哪"的感觉。

除此之外，动态图表还有一个先天的优势：聚焦。下面举一个简单的例子帮助读者理解。图16-1所示的这张图表反映的是不同销售员在上半年的销售数据。图中的数据倒是很全面，但是看起来杂乱无章，会让人找不到重点。如果想看某一个销售员的数据的变化情况，则还得先仔细地从图例中找到线条对应的颜色，再回去查看图表，非常不方便。

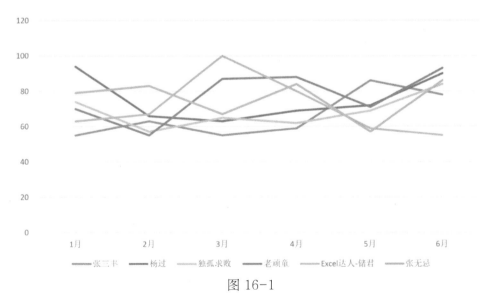

图 16-1

你可能会想：如果可以用某种方法动态地呈现数据，想看哪个销售员的数据，就能呈现哪个销售员的数据就好了。其实利用动态图表就可以轻松实现。下面介绍两种方法来制作动态图表。

16.1 利用VLOOKUP函数实现动态图表

根据上面的案例思路，我们会发现一次只需要呈现一个销售员的数据。原始数据中有很多销售员，要是能把某一个销售员的数据查找出来就好了。想到这里，答案也就基本有了：利用VLOOKUP函数可以实现数据的查找，可以根据销售员姓名，自动查找出对应的数据，这样就可以实现图表的动态化了。下面介绍具体的操作步骤。

1．建立筛选条件

前面已经分析过，要根据销售员姓名来查找对应的数据。所以，第一步要建立筛选条件。可以使用下拉菜单的方式来实现，不但方便筛选，还不会出错。利用"数据验证"功能即可建立销售员姓名下拉菜单，见图 16-2。

	A	B	C	D	E	F	G
1	姓名	1月	2月	3月	4月	5月	6月
2	张三丰	55	63	55	59	86	78
3	杨过	94	66	63	69	72	90
4	独孤求败	74	57	65	62	69	84
5	老顽童	70	55	87	88	71	93
6	Excel达人-储君	63	67	100	80	59	55
7	张无忌	79	83	67	84	57	86
8							
9	姓名	张三丰					
10		张三丰					
11		杨过 独孤求败					
12		老顽童 Excel达人-储君					
13		张无忌					

图 16-2

2．根据姓名查找数据

第二步，建立一个筛选后的数据的存储区，见图 16-3。

	A	B	C	D	E	F	G
		=VLOOKUP($B$9,$A$2:$G$7,COLUMN(),0)					
1	姓名	1月	2月	3月	4月	5月	6月
2	张三丰	55	63	55	59	86	78
3	杨过	94	66	63	69	72	90
4	独孤求败	74	57	65	62	69	84
5	老顽童	70	55	87	88	71	93
6	Excel达人-储君	63	67	100	80	59	55
7	张无忌	79	83	67	84	57	86
8							
9	姓名	张三丰					
10							
11							
12		1月	2月	3月	4月	5月	6月
13	张三丰 销售额	55	63	55	59	86	78
14							

图 16-3

其中A13单元格中的公式为【=B9&"销售额"】，该单元格的功能是生成图表的标题。

B13单元格中的公式为【=VLOOKUP($B$9,$A$2:$G$7,COLUMN(),0)】。这里解释一下，此处查找的对象为B9单元格中的值，查找范围是A2:G7单元格区域。利用COLUMN函数可以实现查找列的动态变化。

3．建立折线图

最后，再根据筛选数据区域建立一个折线图，然后微调样式，让折线图变得更美观一些。如果不想展示筛选出的数据，则还可以用一个小技巧：直接把折线图覆盖在表格数据上。这样看起来就像我们只是在下拉菜单中筛选销售员姓名后，折线图就自动变化了，见图 16-4和图16-5。

再来对比一下之前的折线图（见图16-6），你会发现动态图表才是展示数据最有力的工具。其不但让人一目了然，而且可以想看哪里点哪里。

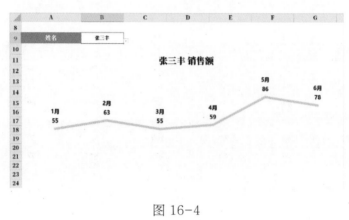

图 16-4

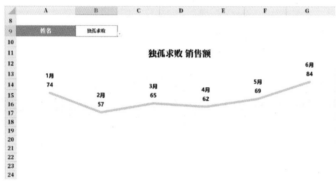

图 16-5

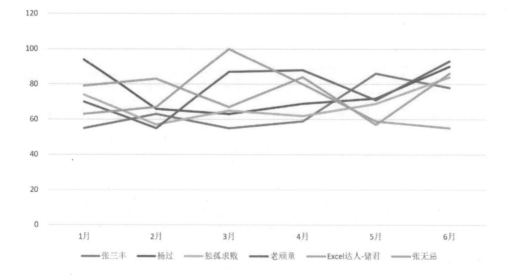

图 16-6

Excel高手思维——组合提效

动态图表与下拉列表是非常完美的搭配，而且二者结合起来既能让组合图表优雅大方，还能避免在选择筛选条件时出错。

16.2 利用定义名称实现动态图表

除VLOOKUP函数外，还可以通过定义名称的方式来实现动态图表。基本的实现思路和VLOOKUP函数差不多，只不过在查找数据时，使用定义名称的方式来实现，这和之前实现多级动态下拉菜单有异曲同工之妙。下面通过一个案例介绍如何实现动态图表。

图16-7中所示的数据是不同地区在不同时间的销售情况，想要根据时间来动态呈现不同地区的数据，可以使用定义名称的方法。具体的操作主要分为4个步骤。

	A	B	C	D	E	F
1	月份	合肥	南京	上海	天津	广州
2	1月	39	64	50	54	66
3	2月	44	39	59	50	53
4	3月	60	51	61	65	47
5	4月	46	53	45	56	59
6	5月	61	58	39	55	60
7	6月	35	34	61	47	45
8	7月	45	59	52	42	65
9	8月	59	57	44	35	47
10	9月	47	46	37	63	30
11	10月	37	39	53	32	34
12	11月	41	52	44	33	46
13	12月	39	32	63	52	52

图 16-7

1．批量定义名称

第一步，先为不同月份所对应的数据批量定义名称，方便后面动态调用数据，具体操作方法见图 16-8。

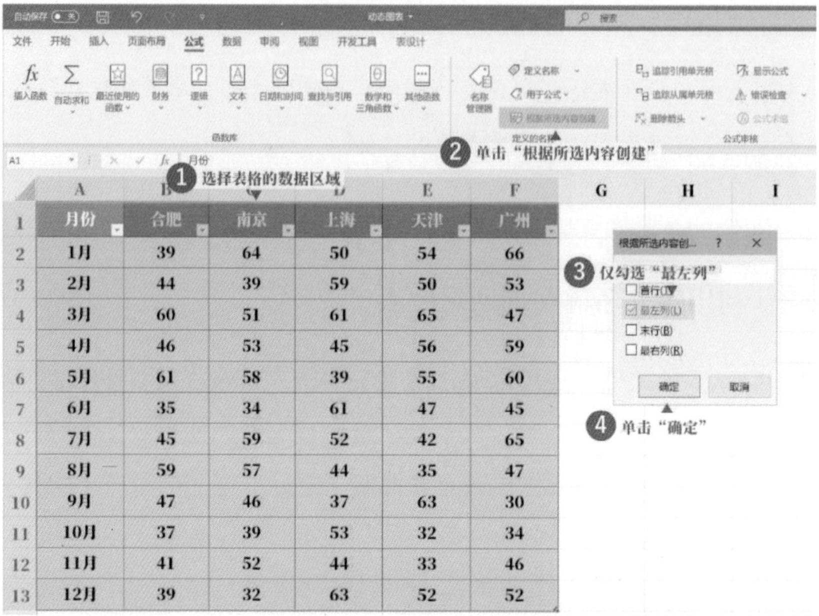

图 16-8

操作完成后，虽然系统没有任何提示，但是名称已经创建完毕，可以选择B2:F2
区域来验证一下，此时会发现名称框中已经显示为"_1月"，见图 16-9。

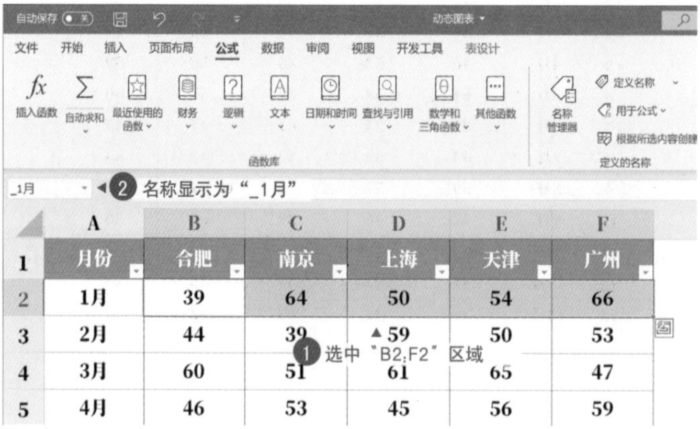

图 16-9

TIPS：注意，在自动创建名称的时候，如果遇到以数字开头的名称，则系统
会自动加上英文状态下的短下画线。

2. 创建下拉列表

第二步，对任意一个空白单元格（如H1）设置数据有效性并创建下拉列表。在"数据验证"对话框的"允许"输入框中选择"序列"，在"来源"输入框中选择A2:A13单元格（对应的月份是1~12月），见图16-10。

	A	B	C	D	E	F	G	H	I	J
1	月份	合肥	南京	上海	天津	广州		1月		
2	1月	39	64	50	54	66				
3	2月	44	39	59	50	53				
4	3月	60	51	61	65	47				
5	4月	46	53	45	56	59				
6	5月	61	58	39	55	60				
7	6月	35	34	61	47	45				
8	7月	45	59	52	42	65				
9	8月	59	57	44	35	47				
10	9月	47	46	37	63	30				
11	10月	37	39	53	32	34				
12	11月	41	52	44	33	46				
13	12月	39	32	63	52	52				

图 16-10

3. 创建动态数据源

第三步，创建一个名为"动态数据源"的自定义名称，公式为：【=INDIRECT("_"&动态图! $H$1)】，见图16-11。

这里解释一下公式。INDIRECT函数是间接引用，可以根据特定的名称来返回引用区域。那么为什么不直接使用公式【=INDIRECT(动态图! $H$1)】？

因为在Excel中定义名称时，如果首字符是数字，则系统会在名称前自动添加一个英文状态下的短下画线，所以这里就要"画蛇添足"一下。如果定义的名称是常规的字符，那么这里就不需要添加""_"&"这个多余的部分了。

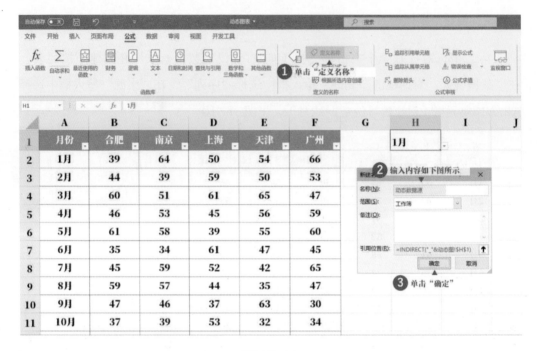

图 16-11

4．创建动态图表

上一步完成后，先选中A1:F2单元格区域，插入柱形图并进行简单的美化：删除标题和图例，见图 16-12。

月份	合肥	南京	上海	天津	广州
1月	39	64	50	54	66
2月	44	39	59	50	53
3月	60	51	61	65	47
4月	46	53	45	56	59
5月	61	58	39	55	60
6月	35	34	61	47	45
7月	45	59	52	42	65
8月	59	57	44	35	47
9月	47	46	37	63	30
10月	37	39	53	32	34
11月	41	52	44	33	46
12月	39	32	63	52	52

图 16-12

接下来，更改柱形图的数据源即可，具体操作见图 16-13。

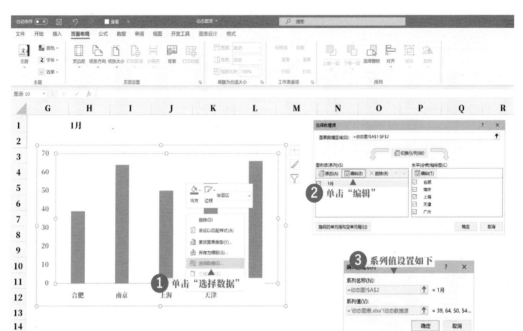

图 16-13

这里解释一下图16-13中关于系列值的设置。其中"动态图表.xlsx"是工作簿的名称，"动态数据源"是在第3步定义的名称。设置完成后，再切换H1单元格中的月份，就可以实现柱形图的动态变化了，效果见图 16-14。

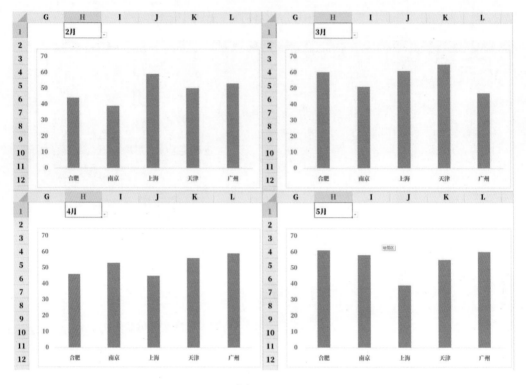

图 16-14

第17课　动态销售仪表盘制作案例

说到动态仪表盘，可能有的读者会感到很陌生，这里用汽车上的仪表盘来帮助读者理解。在汽车的方向盘前方都有一个仪表盘，里面会显示当前的车速、汽油剩余量、冷却器的水温等。经验丰富的司机只要看一眼仪表盘就能掌握车辆的基础状态，就知道汽车还剩下多少汽油，目前车速是多少，水温是否正常。这就是仪表盘的功能：把想看到的信息全部集中在你的眼前，让你可以了解车辆的全部状态。

Excel的动态仪表盘的本质也是如此，它将一份数据进行多角度分析后的结果用数据、图表等方式集中展示在一个界面中，并且可以做到动态变化，大到可纵观全局，小到可聚焦局部。

动态仪表盘总的来说具有4大特点：直观、动态、聚焦和灵活。

直观：动态仪表盘中含有各类图表，比起密密麻麻的表格，图表会更直观地呈现数据的特点和趋势。比如图17-1所示的案例，你可以一目了然地看到销售额总额、最佳销售员、销售额变化趋势等。

动态：动态仪表盘不同于普通的静态图表，它最大的特点就是可以"动"起来。在仪表盘中，一般都会有相应的筛选按钮，只需要单击按钮，仪表盘就会发生动态变化，而且是大量图表联动。比如在图17-2所示的销售数据仪表盘中，通过筛选，可以看到不同产品类型的销售额绝对值的变化趋势、销售额的占比状态。

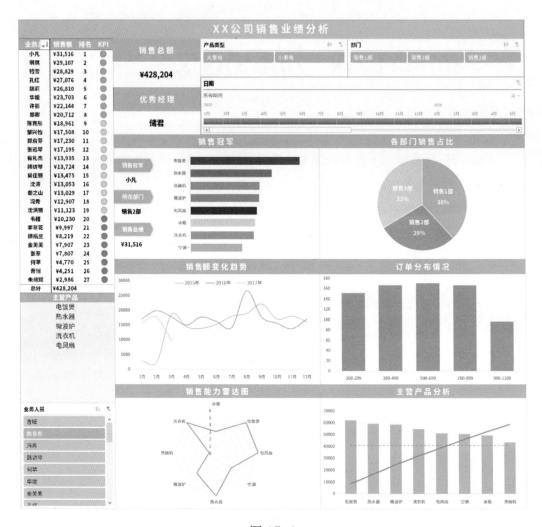

图 17-1

图 17-2

聚焦：在展示数据分析结果时，我们最容易犯的错误就是要求"大而全"，即把所有的数据都放在一张图上，这会让人抓不到重点。而动态仪表盘的筛选按钮可以很好地让展示结果更加聚焦，比如图 17-3 所示的案例。

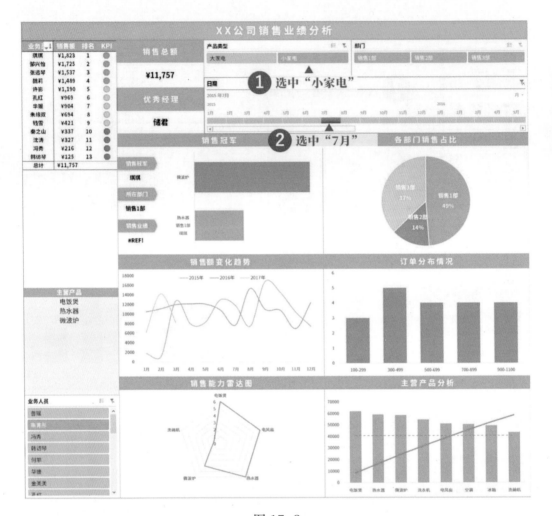

图 17-3

灵活：动态仪表盘的本质是由多个图表+特定的按钮组成的，每个图表都可以分开制作，最后聚合成仪表盘。所以，仪表盘修改起来也非常方便，可以独立修改其中的某个图表，也可以很容易地新增或者删除图表。动态仪表盘的各个组成部分都是单独的模块，就像是搭积木，可以单独制作、随意组合、轻松修改。正是因为具有这样灵活的特性，动态仪表盘可以轻松迭代和不断完善。

17.1 动态仪表盘的制作思路

因为动态仪表盘的本质是一个完整的数据分析结果，所以在制作动态仪表盘时，可以完全按照Excel数据分析的7个步骤来一步步展开。

17.1.1 第一步：思考

在制作动态仪表盘之前，最需要考虑的问题就是：这个仪表盘到底是用来干什么的？它想要展示哪些数据结果？通过什么样的方式来展示？

明确目的至关重要，因为它决定了整个数据分析的走向和有效性。而想要明确目的，可以从老板的需求下手，看老板想看到什么样的结果。

明确了目的之后，自然就能得出想要展示哪些结果，再根据结果的属性选择合适的图表类型即可。如何选择图表类型，在第14课中已经有详细的描述。

例如在本例中，老板想要看到的是总体销售情况、每个月的变化趋势、哪些部门干得好、谁的销售能力最突出等。所以，我们需要对老板想要看到的结果进行"翻译"才能明确实际需要展示的结果，见表17-1。

表 17-1

老板想要的结果	实际需要展示的结果	展示方式
各业务员的业绩如何	各业务员的销售额	列表
总体销售情况怎么样	销售总额	单个数据
哪个部门的销售能力最突出	销售额最高的部门经理	单个数据
哪些部门干得好	不同部门销售占比	饼图
每个月的变化趋势	销售额变化情况	折线图
什么价位的订单多	订单分布情况	柱形图
业务员的能力如何	业务员的销售能力分布	雷达图
……	……	……

到这一步，思考的过程还没有结束。因为我们做的是动态仪表盘，所以可以在不

同维度上展示这些结果。比如从产品维度，可以分析某个产品的销售总额、销售额变化情况、不同部门销售占比等。

这些维度有很多，比如产品维度、部门维度、时间维度、人员维度等。这些都是让仪表盘动起来的关键，也可以让数据分析更加聚焦。

经过上面的思考和分析，我们基本应该明确了分析的目的，并且列出了关键的要素。在进行下一步之前，为了让整个动态仪表盘有一个初步的规划，最好先画一个草图，见图 17-4。

仪表盘标题			
销售员业绩 达成情况 （排名）	销售总额	条件筛选01 （产品类型）	条件筛选02 （销售部门）
	优秀经理	日期筛选	
	销售冠军情况 （条形图）		各部门销售业绩占比 （饼图）
主营产品	销售业绩变化趋势 （折线图）		订单分布情况 （柱图）
条件筛选03 （销售员）	业务人员能力分析 （雷达图）		主营产品分析 （组合图）

图 17-4

TIPS：在开始分析的时候，不必担心会漏掉某些分析维度或者结果，因为动态仪表盘具有灵活性，在后期可以轻松修改。

17.1.2 第二步：获取

在上一步分析了老板想要看到的结果，接下来就需要根据这些结果获取原始数据。这些数据主要是指销售情况一览表。获取数据相对来说是比较简单的，需要注意的就是要全面且准确。

17.1.3　第三步：规范

在获取数据之后，要对数据进行规范。这一步对手工统计的数据来说尤为重要，因为手工统计的数据可能存在各种差错，比如错别字、不规范的名称等。之前的内容中也介绍了很多方法，比如可以利用筛选功能和数据透视表发现错误数据，利用批量查找及替换功能来更正数据。

而对于从财务系统等信息系统中导出的数据，也需要进行一些特殊的处理。因为这些系统中存储的数据很可能是以文本形式存储的，或者导出来的数据不是明确的变量名称，而是一些英文简称。这些都需要进行处理，这样在后续进行数据分析的时候，才能不出错，更容易识别和计算。

17.1.4　第四步：计算

规范数据之后，接下来就要对数据进行计算。其实很多指标只需要通过简单的计算就可以得到，比如销售总额可以用求和函数计算，不同部门销售占比可以直接用除法计算。这些计算可以直接获得某些简单分析的结果，也可以为后续更加复杂的分析打好基础。

17.1.5　第五步：分析

经过规范处理和简单计算之后，数据分析就会简单许多。这一步所用到的主要工具就是数据透视表，通过数据透视表可以进行多维度的分析。

17.1.6　第六步：转换

得到想要的分析结果之后，数据呈现的方式还不是很直观，因为都是表格数据。在这一步可以将表格数据转换成图表。这样数据的变化趋势和数据的大小可以让读者一目了然。

17.1.7　第七步：输出

最后一步要按照之前画好的草图，统一图表样式、调整图表的大小和位置，最终形成专业、美观的动态仪表盘。这才算是完成了输出。

Excel高手思维——简单是极致的复杂

对于以上数据分析步骤，每一个步骤都不难。关键就在于把原本相当复杂的过程拆解为7个简单的步骤。需要特别注意的是，虽然每个步骤都不难，但是每一步都要踏踏实实地完成，如果其中任何一个步骤省略了，都会给后面的操作带来莫大的麻烦。

17.2 动态仪表盘的制作

现在我们已经画好了草图，也确定了需要分析的数据，接下来就按照草图一步步地制作仪表盘。首先看一下原始数据的结构，见图 17-5。

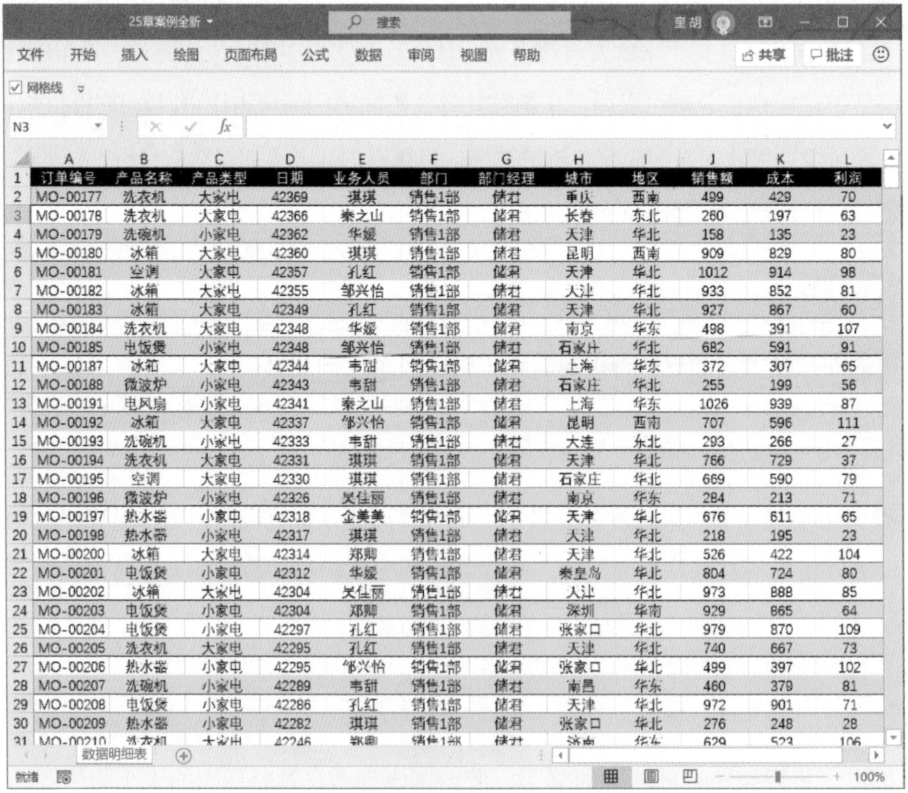

订单编号	产品名称	产品类型	日期	业务人员	部门	部门经理	城市	地区	销售额	成本	利润
MO-00177	洗衣机	大家电	42369	琪琪	销售1部	储君	重庆	西南	499	429	70
MO-00178	洗衣机	大家电	42366	秦之山	销售1部	储君	长春	东北	260	197	63
MO-00179	洗碗机	小家电	42362	华媛	销售1部	储君	天津	华北	158	135	23
MO-00180	冰箱	大家电	42360	琪琪	销售1部	储君	昆明	西南	909	829	80
MO-00181	空调	大家电	42357	孔红	销售1部	储君	天津	华北	1012	914	98
MO-00182	冰箱	大家电	42355	邹兴怡	销售1部	储君	天津	华北	933	852	81
MO-00183	冰箱	大家电	42349	孔红	销售1部	储君	天津	华北	927	867	60
MO-00184	洗衣机	大家电	42348	华媛	销售1部	储君	南京	华东	498	391	107
MO-00185	电饭煲	小家电	42348	邹兴怡	销售1部	储君	石家庄	华北	682	591	91
MO-00187	冰箱	大家电	42344	韦甜	销售1部	储君	上海	华东	372	307	65
MO-00188	微波炉	小家电	42343	韦甜	销售1部	储君	石家庄	华北	255	199	56
MO-00191	电风扇	小家电	42341	秦之山	销售1部	储君	上海	华东	1026	939	87
MO-00192	冰箱	大家电	42337	邹兴怡	销售1部	储君	昆明	西南	707	596	111
MO-00193	洗碗机	小家电	42333	韦甜	销售1部	储君	大连	东北	293	266	27
MO-00194	洗衣机	大家电	42331	琪琪	销售1部	储君	天津	华北	766	729	37
MO-00195	空调	大家电	42330	琪琪	销售1部	储君	石家庄	华北	669	590	79
MO-00196	微波炉	小家电	42326	吴佳丽	销售1部	储君	南京	华东	284	213	71
MO-00197	热水器	小家电	42318	金美美	销售1部	储君	天津	华北	676	611	65
MO-00198	热水器	小家电	42317	琪琪	销售1部	储君	天津	华北	218	195	23
MO-00200	冰箱	大家电	42314	郑卿	销售1部	储君	天津	华北	526	422	104
MO-00201	电饭煲	小家电	42312	华媛	销售1部	储君	秦皇岛	华北	804	724	80
MO-00202	冰箱	大家电	42304	吴佳丽	销售1部	储君	天津	华北	973	888	85
MO-00203	电饭煲	小家电	42304	郑卿	销售1部	储君	深圳	华南	929	865	64
MO-00204	电饭煲	小家电	42297	孔红	销售1部	储君	张家口	华北	979	870	109
MO-00205	洗衣机	大家电	42295	孔红	销售1部	储君	天津	华北	740	667	73
MO-00206	热水器	小家电	42295	邹兴怡	销售1部	储君	张家口	华北	499	397	102
MO-00207	洗碗机	小家电	42289	韦甜	销售1部	储君	南昌	华东	460	379	81
MO-00208	电饭煲	小家电	42286	孔红	销售1部	储君	天津	华北	972	901	71
MO-00209	热水器	小家电	42282	琪琪	销售1部	储君	张家口	华北	276	248	28
MO-00210	洗衣机	大家电	42246	郑卿	销售1部	储君	济南	华东	629	523	106

图 17-5

　　这里的原始数据是每一笔销售订单的明细数据，包含了产品名称、产品类型、销售日期、业务员、所属部门、部门经理、城市、地区、销售额、成本和利润等信息。利用这些数据可以制作仪表盘中的所有模块，下面介绍具体的操作。

17.2.1　销售业绩达成情况

　　新建一个工作表，命名为"销售仪表盘"。按照草图，先在第一行建立仪表盘的名称："××公司销售业绩分析"，并调整好颜色和字体，这样仪表盘的标题就做好了，见图17-6。

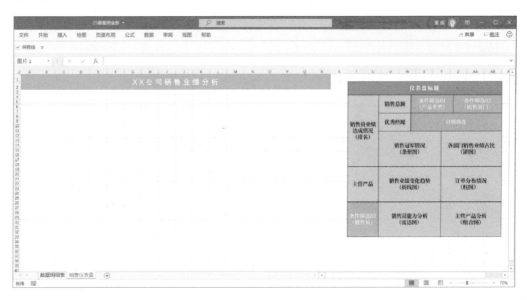

图 17-6

　　接下来，制作第一个部分：销售业绩达成情况，使用数据透视表来实现，操作步骤如下。

1．新建数据透视表

　　根据"数据明细表"新建数据透视表。在"创建数据透视表"对话框中选择"现有工作表"单选框，位置为"销售仪表盘"工作表的A3单元格，见图17-7。

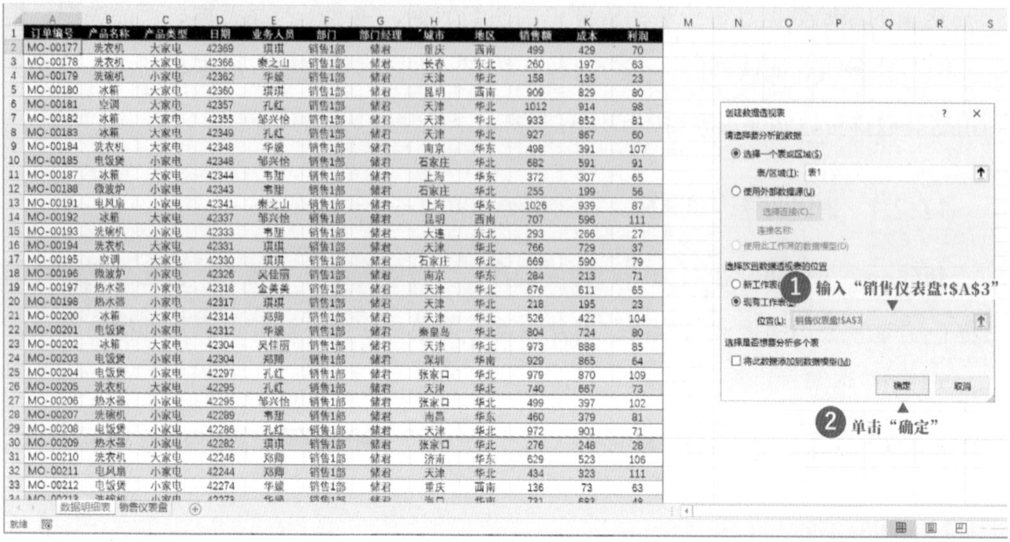

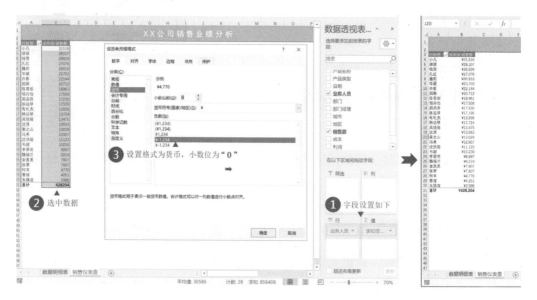

图 17-7

再把"业务人员"字段拖动到行区域，"销售额"字段拖动到值区域，对销售额降序排列，形成初步的数据透视表。接下来，调整销售额为货币格式，不保留小数，这样看起来更专业，见图 17-8。

图 17-8

2．显示排名情况

为了更清晰地呈现排名情况，再次拖动"销售额"字段到值区域中，并调整值显示方式为降序排列，即可清楚地看到所有业务人员的销售额排名情况，见图 17-9。

图 17-9

3．加入图标更直观

为了更加直观，还可以再加入一些小图标，突出显示销售额排名在前30%和后30%的业务员。操作方式为再次拖动"销售额"字段到值区域，选中所有销售额汇总数据后，设置值显示方式为升序排列，再设置条件格式为"其他规则"。在"新建格式规则"对话框中勾选"仅显示图标"复选框，调整数值为"70"和"30"，具体操作见图 17-10。

再分别修改列标题的名称为"业务员""销售额""排名"和"KPI"。调整列宽到合适范围，见图 17-11。

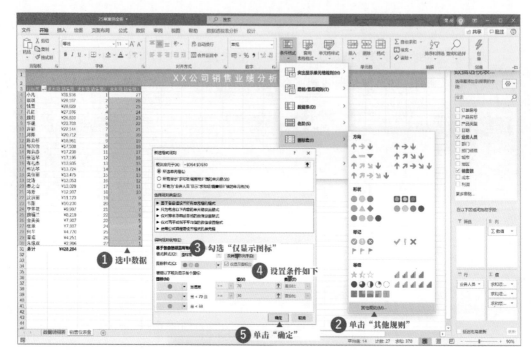

图 17-10

3	业务员	销售额	排名	KPI
4	小凡	¥31,516	1	
5	琪琪	¥29,107	2	
6	钱雪	¥28,829	3	
7	孔红	¥27,076	4	
8	魏莉	¥26,810	5	
9	华媛	¥23,703	6	
10	许影	¥22,144	7	
11	郑卿	¥20,712	8	
12	陈育彤	¥18,961	9	
13	邹兴怡	¥17,508	10	
14	郑启芬	¥17,230	11	
15	张远琴	¥17,195	12	
16	有礼杰	¥13,935	13	
17	韩访琴	¥13,724	14	
18	吴佳丽	¥13,475	15	
19	沈涛	¥13,053	16	
20	秦之山	¥13,029	17	
21	冯秀	¥12,907	18	
22	沈洪丽	¥11,123	19	
23	韦甜	¥10,230	20	
24	李翠花	¥9,997	21	
25	魏福兰	¥8,219	22	
26	金美美	¥7,907	23	
27	张翠	¥7,807	24	
28	何苹	¥4,770	25	
29	曹瑶	¥4,251	26	
30	朱缘双	¥2,986	27	
31	总计	¥428,204		

图 17-11

　　看起来图表好像制作完成了，但是还有一个至关重要的步骤：固定数据透视表的列宽。具体操作见图 17-12。

图 17-12

　　这样就完成了"销售业绩达成情况"模块的制作。其实操作并不难，在制作的时候用到的都是之前学习过的数据透视表、格式调整等一些技能而已。

17.2.2　呈现销售总额

　　"销售总额"模块的制作相对比较简单，直接引用上一步数据透视表中的销售总额即可。需要注意的是，要观察最终引用的公式中是否包含"GetPivotData"字样。如果不包含，那么在更新数据透视表的时候，数据不会自动更新，见图 17-13。

图 17-13

假如发现公式中不包含"GetPivotData"字样，则可以进行如下设置。

打开"Excel选项"对话框，在"公式"选项卡中勾选"使用GetPivotData函数获取数据透视表引用。"复选框，见图17-14。

再选中数据透视表，在"选项"下拉菜单中勾选"生成GetPivotData"选项，见图17-15。

图 17-14

图 17-15

完成之后，插入两个文本框，在上方文本框中输入文字为"销售总额"，设置文字为蓝色底色及白色粗体，下方的文本框为蓝色边框、白色底色，内容先不填写，见图 17-16。

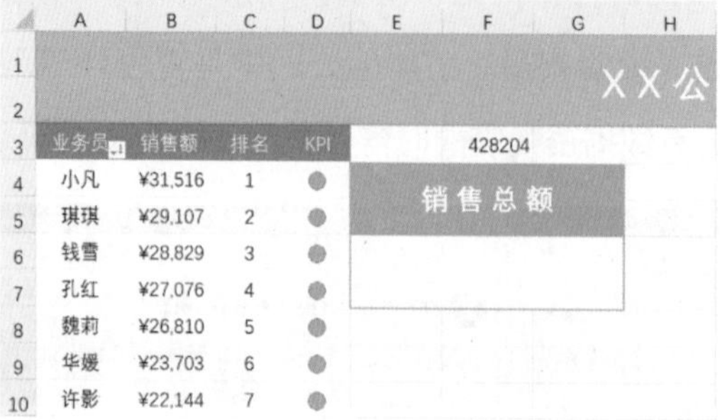

图 17-16

接下来，选中下方的文本框，然后在编辑栏内输入"=$F$3"，销售总额就成功被引用到文本框之中了，见图 17-17。

再微调文本框的位置，覆盖F3单元格即可。这样，不论在数据透视表中如何筛选、更新数据，都能动态获取销售总额。比如只筛选销售额在前十名的业务员，销售总额会自动发生变化，见图 17-18。

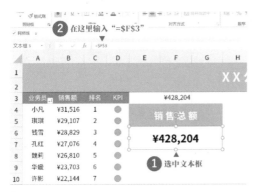

图 17-17

图 17-18

17.2.3　呈现优秀经理

每个业务员都隶属于某个部门，每个部门都对应一个经理，销售总额最高的就是优秀经理，下面要找出优秀经理。具体操作如下。

根据原始数据在新工作表中创建数据透视表，命名为"优秀经理"。把"部门经理"字段拖动到行区域，把"销售额"字段拖动到值区域，对销售额降序排列，见图17-19。

由于是按照降序排列的，所以A4单元格中的经理就是优秀经理。在"销售仪表盘"工作表中，按照前面介绍的销售总额的处理方法，设置两个同样的文本框。其中下方的文本框中的引用公式为"=优秀经理! A4"，见图 17-20。

注意，还有最后一步，把刚刚创建的数据透视表命名为"优秀经理"，这一步在后期进行数据联动的时候会有大作用。

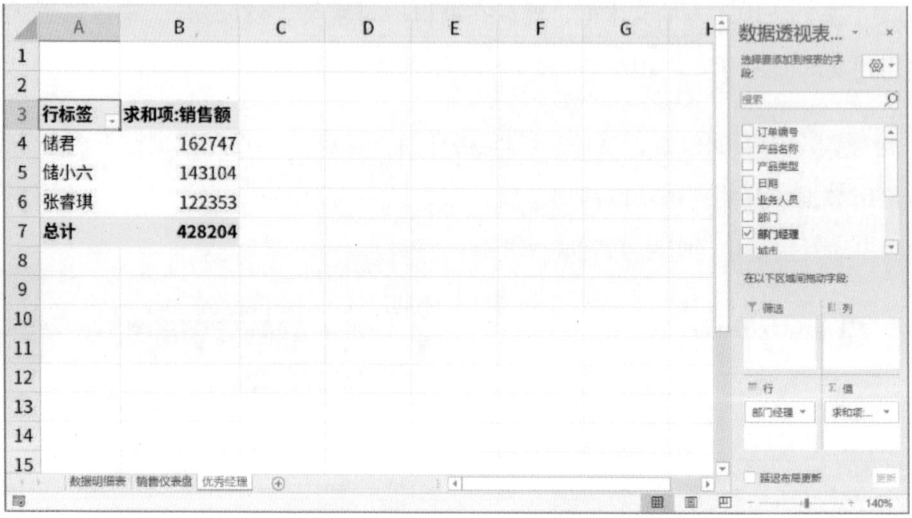

图 17-19

图 17-20

17.2.4　呈现销售冠军情况

销售冠军，顾名思义就是销售额最高的业务员。对于销售冠军，一般想要了解的信息是他是哪个部门的，卖了什么产品，每个产品卖了多少。所以，同样先用数据透视表得出这些信息。

1．创建数据透视表

根据原始数据新建一个数据透视表，命名为"销售冠军"。把"销售额"字段拖入值区域中，把"业务员""部门""产品名称"字段依次拖入行区域中，见图17-21。

图 17-21

2．筛选只保留冠军

如图17-22所示，在数据透视表的第1列的业务员姓名上单击鼠标右键，在弹出的快捷菜单中选择"筛选"—"前10个"命令，在弹出的对话框中设置显示最大的1项，单击"确定"按钮即可。当筛选出销售冠军之后，将"总计"行删除。

完成后，分别提取出"销售冠军""所在部门"和"销售额"字段备用，前面两个字段直接引用对应的单元格即可，"销售额"字段引用"销售仪表盘"表中的B4单元格，公式为=GETPIVOTDATA("销售额",销售仪表盘! $A$3,"业务员","小凡")，见图 17-23。

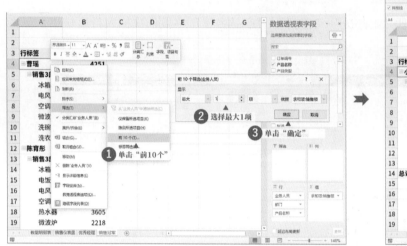

图 17-22

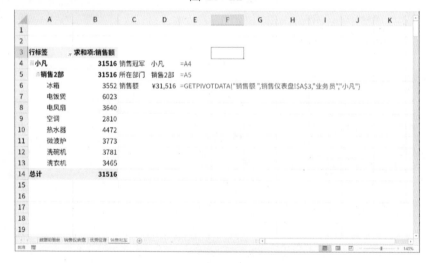

图 17-23

3．创建数据透视图

在上一步完成后，最好对不同产品的销售额进行升序排列，这样做出来的数据透视图会从大到小依次排列数据，比较美观。排序完成后，直接创建数据透视图，类型选择条形图，见图 17-24。

图 17-24

接下来，对图表进行基本的美化。首先去除字段按钮。具体操作见图 17-25。

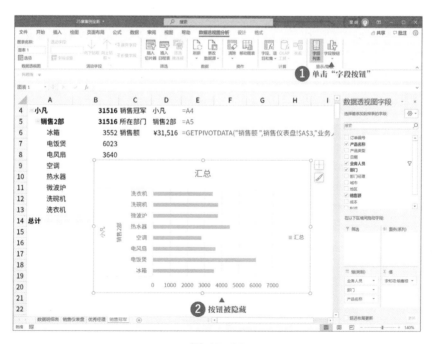

图 17-25

接下来，删除标题、图例、网格线和横坐标，再添加数据标签，结果见图 17-26。

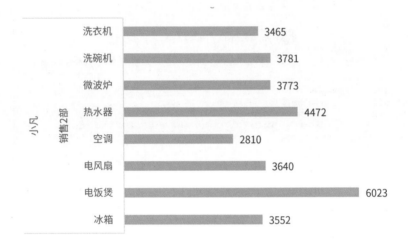

图 17-26

在纵坐标上单击鼠标右键，在弹出的快捷菜单中选择"设置坐标轴格式"命令。在弹出的设置栏中，取消勾选"多层分类标签"复选框。这样纵坐标就变得简洁、易读，见图 17-27。

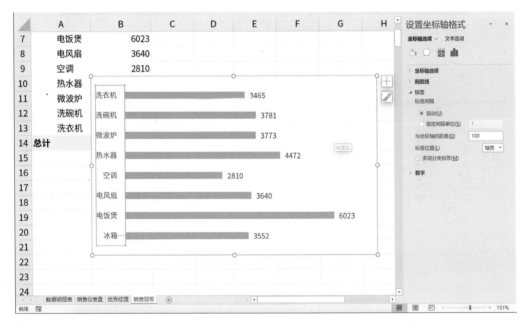

图 17-27

将销售额按降序排列，图表中的数据就会按照从大到小的顺序排列。再选中数据条，单击鼠标右键，在弹出的快捷菜单中选择"设置数据系列格式"命令，在设置栏中将"间隙宽度"调整为60%，在填充选项中勾选"依数据点着色"复选框，结果见图 17-28。

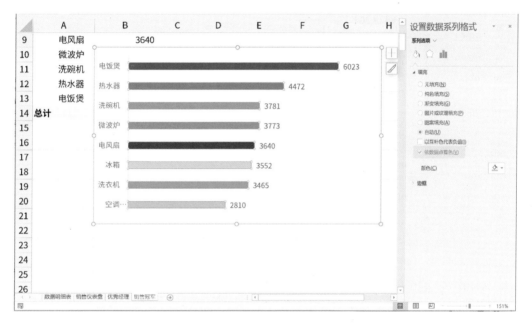

图 17-28

接下来调整图表的大小，添加标题形状和文本框（输入文字"冠军得主""所在部门"和"销售业绩"），最终效果见图 17-29。

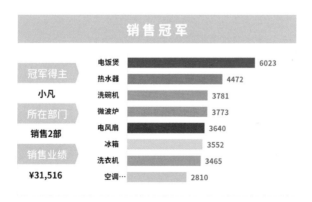

图 17-29

完成后，复制数据透视图并粘贴到"销售仪表盘"工作表中，按照之前的草图，调整好位置，效果见图 17-30。

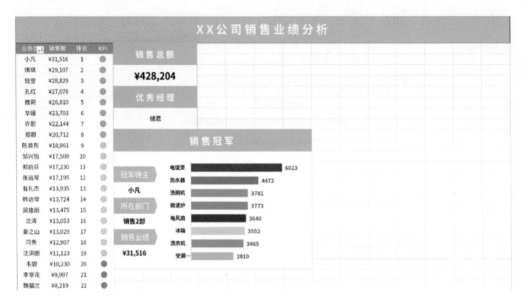

图 17-30

TIPS：在添加形状和文本框时，一定要先选中图表再添加，否则添加的形状和文本框就不会在图表中，不会随着图表的位置变化而自动变化。

17.2.5 呈现不同部门销售额占比

不同部门的销售占比可以用饼图来展示，同样需要使用数据透视表生成数据透视图。具体操作如下。

1．创建数据透视表

根据原始数据新建一个数据透视表，命名为"部门占比"。把"销售额"字段拖入值区域中，把"部门"字段拖入行区域中，见图 17-31。

图 17-31

2．创建数据透视图

根据上一步的数据透视表，建立数据透视图，类型选择饼图，见图 17-32。

对图表格式进行调整，去除字段按钮，删除标题和图例，添加标题，效果见图 17-33。

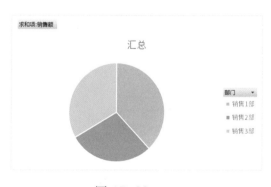

图 17-32

图 17-33

接下来，在图表内部添加图例。在饼图上单击鼠标右键，在弹出的快捷菜单中选择"添加数据标签"命令。再选中数据标签，单击鼠标右键，在弹出的快捷菜单中选择"设置数据标签格式"命名。在设置栏中，勾选"类别名称"和"百分比"复选框，标签位置设为"居中"，结果见图 17-34。

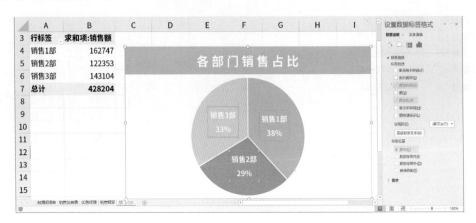

图 17-34

添加图表的标题后，将其复制并粘贴到"销售仪表盘"工作表中，然后调整其位置和大小即可，见图 17-35。

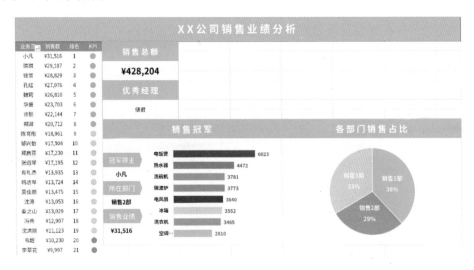

图 17-35

17.2.6 呈现销售额变化趋势

销售额变化趋势可以用折线图来展示。还是使用数据透视表生成数据透视图。具体操作如下。

1．新建数据透视表

根据原始数据新建一个数据透视表，命名为"销售趋势"。把"销售额"字段拖入值区域中，把"日期"字段拖入行区域中，Excel 2010以上的版本会自动按照"年""季"和"月"对日期进行组合，见图 17-36。

图 17-36

接下来，把"季度"字段从行区域中删除，将"年"字段拖入列区域中，结果见图 17-37。

求和项:销售额	列标签			
行标签	2015年	2016年	2017年	总计
1月	2895	17024	15621	35540
2月	2326	19810	17542	39678
3月	18529	17749	9593	45871
4月	14407	14940		29347
5月	13873	17688		31561
6月	15209	16178		31387
7月	17933	14146		32079
8月	18888	26512		45400
9月	22109	17636		39745
10月	17069	15582		32651
11月	18045	13748		31793
12月	16089	17063		33152
总计	177372	208076	42756	428204

图 17-37

2．创建数据透视图

根据上一步创建的数据透视表，建立数据透视图，类型选择折线图，见图 17-38。

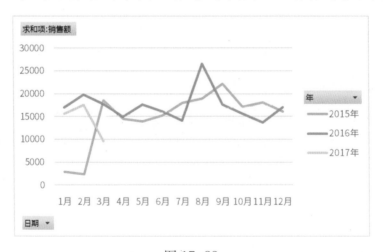

图 17-38

对图表格式进行调整，去除字段按钮，删除标题和网格线，将图例位置调整"靠上"，见图 17-39。

图 17-39

接下来，添加图表标题，设置数据系列格式及线条，结果见图 17-40。

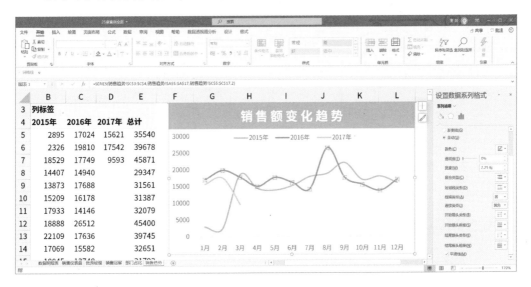

图 17-40

完成后，再将图表复制到"销售仪表盘"工作表中，调整大小和位置即可，见图 17-41。

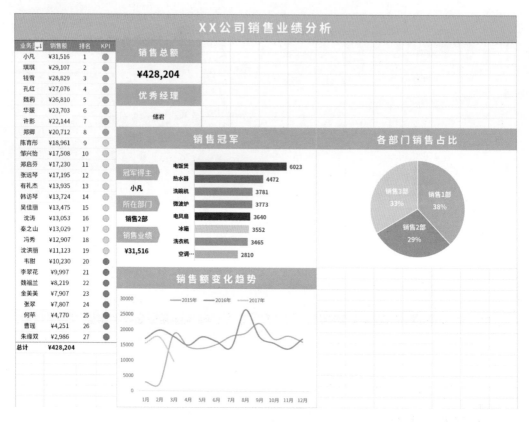

图 17-41

17.2.7 呈现订单分布情况

每笔订单都有特定的销售额，这些销售额都是不连续的数值，分布在不同的区间内，可以用柱形图来呈现订单在不同销售额区间的分布情况。

1. 创建数据透视表

根据原始数据新建一个数据透视表，命名为"订单分布情况"。把"订单编号"字段拖入值区域中，把"销售额"字段拖入行区域中，见图 17-42。

接下来，在行标签上单击鼠标右键，在弹出的快捷菜单中选择"组合"命令。在弹出的对话框中设置起始于100，终止于1100，步长为200，见图 17-43。

图 17-42

图 17-43

2．创建数据透视图

根据上一步制作的数据透视表建立数据透视图，类型选择柱形图，见图17-44。

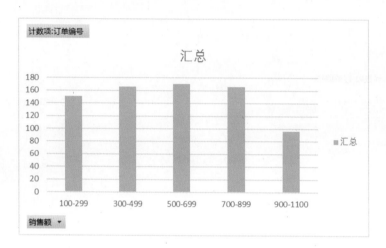

图 17-44

接着对柱形图进行美化，去掉多余的按钮、网格线、图例，调整柱形的间隔并添加相应的标题，结果见图 17-45。

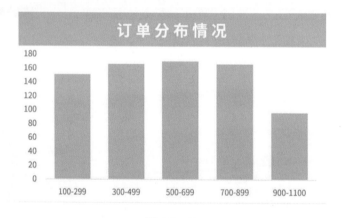

图 17-45

完成后，再将图表复制到"销售仪表盘"工作表，调整大小和位置即可，结果见图 17-46。

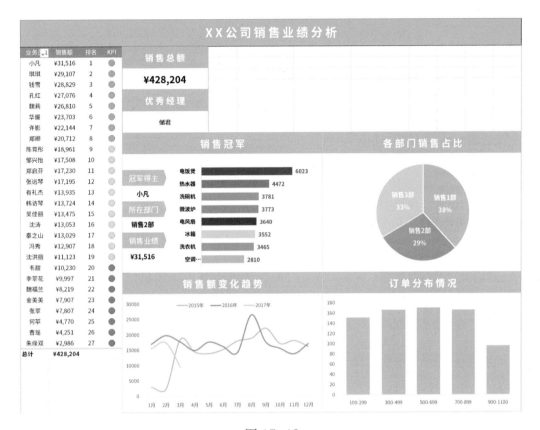

图 17-46

17.2.8 呈现销售员能力分布

销售员的能力分布主要用于显示他们对于哪种产品卖得更多,用雷达图来呈现会非常直观。

1. 创建数据透视表

还是根据原始数据新建一个数据透视表,命名为"销售员能力分布"。把"销售额"字段拖入值区域中,把"产品名称"字段拖入行区域中,名称更改为"销售员能力分布",见图 17-47。

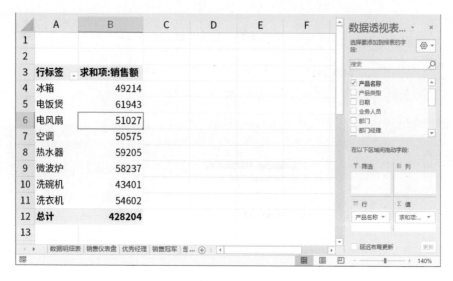

图 17-47

2. 创建数据透视图

根据上一步制作的数据透视表建立数据透视图，类型选择雷达图，效果见图17-48。

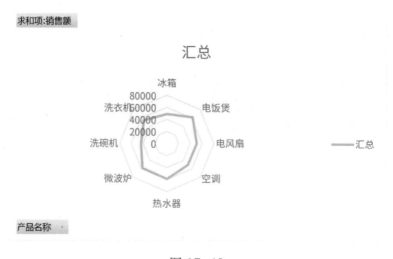

图 17-48

接着，对雷达图进行美化，去掉多余的按钮、图例，添加上相应的标题，结果见图 17-49。

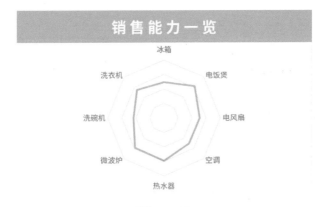

图 17-49

接下来，选中雷达图，单击"数据透视图分析"选项卡中的"插入切片器"命令，再勾选"业务员"字段，即可插入包含所有业务员的切片器，见图 17-50。

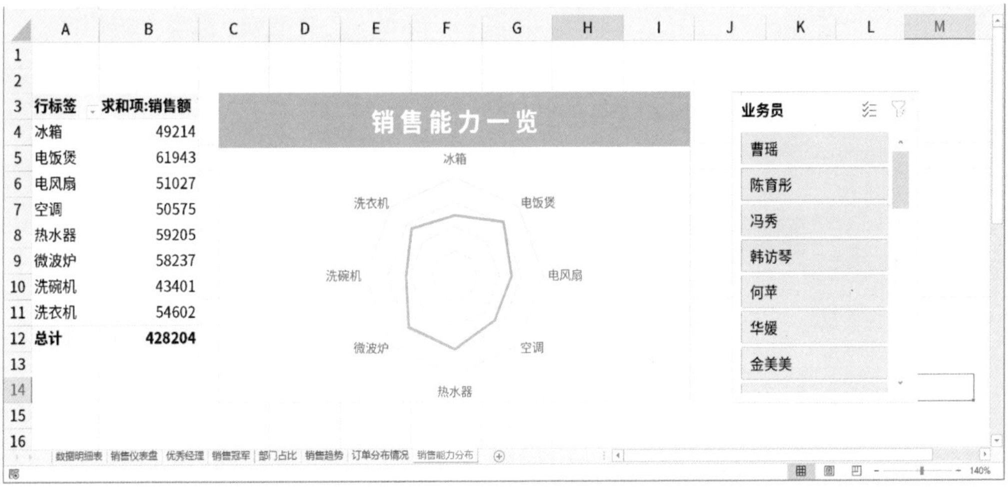

图 17-50

完成后，把切片器和图标都复制到"销售仪表盘"工作表中，调整大小和位置即可，效果见图 17-51。

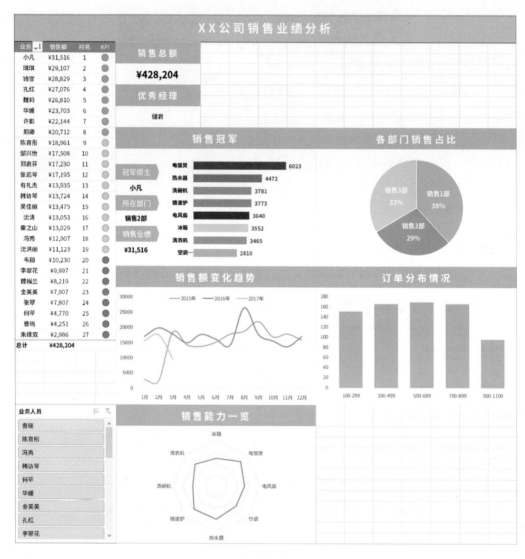

图 17-51

17.2.9 主营产品分析

最后，制作主营产品分析模块。主营产品分析就是分析销售额排名在前70%的产品都有哪些，并且能直观地看出对应的销售额。销售额可以用柱形图来呈现，销售额的累计占比可以用折线图来呈现，所以这里需要做一个组合图表。

1．创建数据透视表

还是根据原始数据新建一个数据透视表，命名为"主营产品分析"。把"产品名称"字段拖入行区域中，把"销售额"字段拖入值区域中两次。将第一个销售额字段降序排列，将第二个销售额字段的值显示方式设置为"按某一字段汇总的百分比"，这样就得到了销售额的累计占比，见图 17-52。

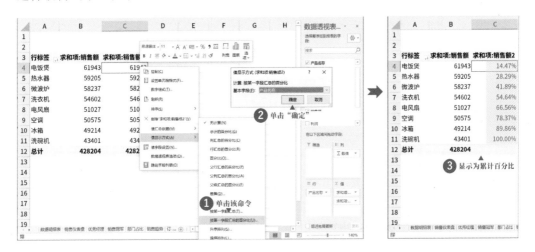

图 17-52

因为销售额累计排名在前70%的产品是主营产品，所以还可以建立一个辅助列，这样在后续的图表中可以更清晰、直观地看到主营产品是哪些。操作方法为：选中数据透视表，单击"数据透视表"分析选项卡下的"字段、项目和集"命令，在弹出的下拉菜单中选择计算字段。在打开的对话框中将字段名称设为"辅助列"，公式设为"=0.7"，见图 17-53。

2．创建数据透视图

根据上一步制作的数据透视表，建立数据透视图，类型选择组合图。将第二个销售额和辅助列设置为折线图，并显示次坐标轴，见图 17-54。

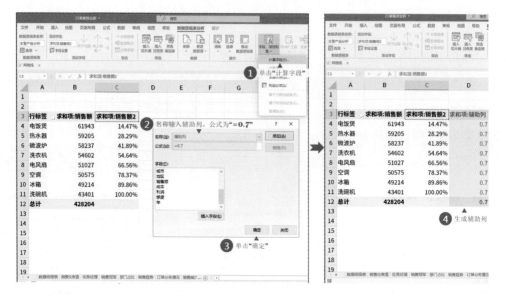

图 17-53

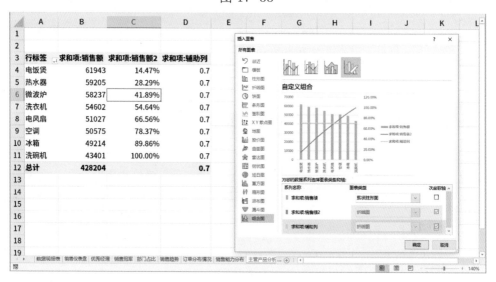

图 17-54

接着，对组合图进行美化，去掉多余的按钮、图例，添加上相应的标题，结果见图 17-55。

完成后，把切片器和图标都复制到"销售仪表盘"工作表中，调整大小和位置即可，见图 17-56。

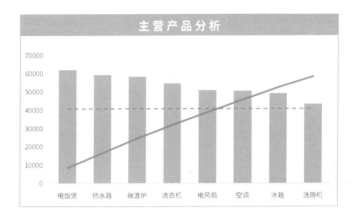

图 17-55

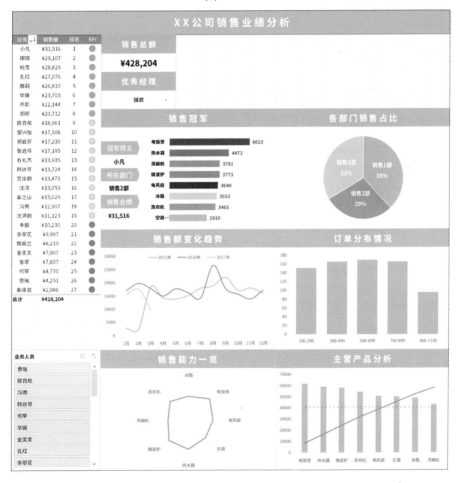

图 17-56

如果希望主营产品能在仪表盘中也显示出来，则可以先通过函数提取主营产品的数据，具体公式为【=IF(C4<70%,A4,"")】，公式的含义为：如果销售额累计（排名在前70%即小于70%），则是主营产品，返回产品名称。如果累计销售额占比超过或等于70%，则返回空值，见图17-57。

	A	B	C	D	E	F	G	H	I
1									
2									
3	行标签	求和项:销售额	求和项:销售额2	求和项:辅助列			主营产品		
4	电饭煲	61943	14.47%	0.7			=IF(C4<70%,A4,"")		
5	热水器	59205	28.29%	0.7			热水器		
6	微波炉	58237	41.89%	0.7			微波炉		
7	洗衣机	54602	54.64%	0.7			洗衣机		
8	电风扇	51027	66.56%	0.7			电风扇		
9	空调	50575	78.37%	0.7					
10	冰箱	49214	89.86%	0.7					
11	洗碗机	43401	100.00%	0.7					
12	总计	428204		0.7					
13									
14									
15									

图 17-57

然后再把"主营产品"这一列引用到仪表盘中，应用引用公式【=主营产品分析! G3】，再向下填充公式即可，调整好格式后结果见图 17-58。

17.2.10 利用切片器让图表动起来

上面的操作完成后，我们已经完成了仪表盘大部分内容的制作，现在还剩最后一个环节：让仪表盘动起来，这就需要用到切片器了。

1．创建切片器

按照仪表盘草图的规划，还需要创建产品类型切片器、部门切片器和日程表（用来筛选日期）。

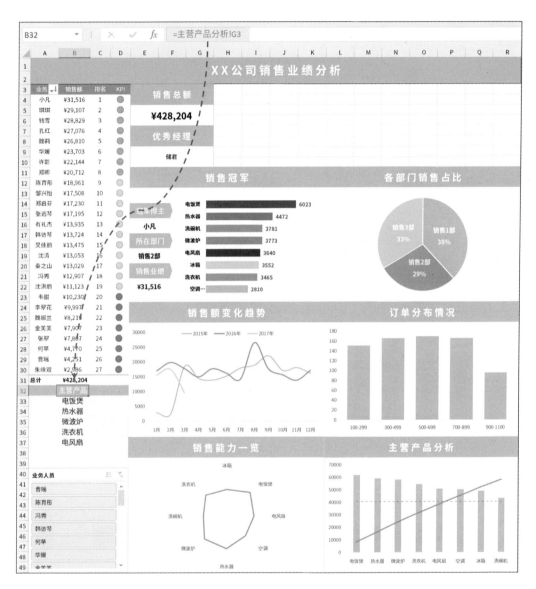

图 17-58

切片器的创建步骤见图 17-59。

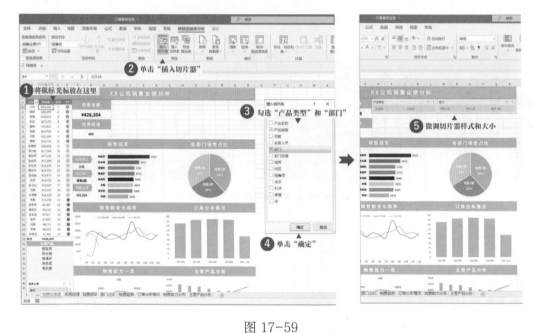

图 17-59

而日程表的插入方法与插入切片器类似。单击"数据透视表分析"选项卡下的"插入日程表"命令，插入日程表后，微调大小和位置即可，见图 17-60。

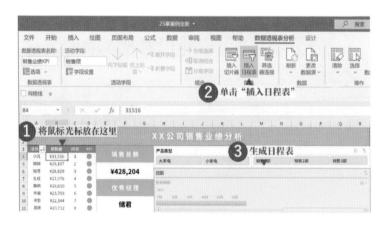

图 17-60

2．让切片器和图表联动

切片器建立好了，但是目前切片器只能控制"销售业绩KPI"这个数据透视表，接下来，我们要让切片器和图表联动起来，具体操作如下。

选中产品类型切片器，单击鼠标右键，在弹出的快捷菜单中选择"报表连接"命令，在弹出的对话框中勾选想要连接的数据透视表，具体操作见图 17-61。

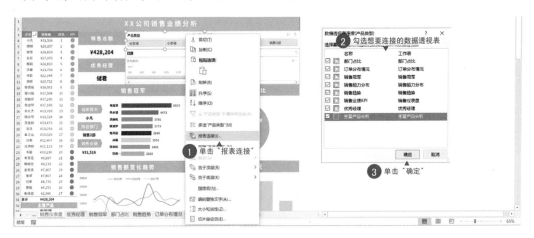

图 17-61

从这一步就可以看出重新命名数据透视表的重要性了，因为这时候只能通过名称了解每张数据透视表的含义，方便切片器进行连接。

把所有的切片器和日程表都按照类似的步骤操作一遍即可。不过需要注意的是，并非所有的切片器都需要与全部数据透视表关联。

例如部门切片器就不需要与"部门占比"表关联，不然饼图就没有意义了。

全部关联之后，我们可以随意筛选看一下结果。比如现在想看2015年12月销售1部大家电的业绩，可以分别单击切片器上相应的按钮，结果会自动发生相应的变动，见图 17-62。

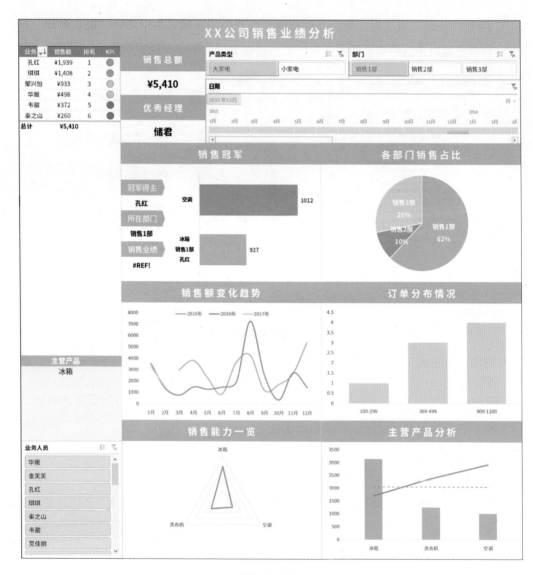

图 17-62

17.3 动态仪表盘的制作思路总结

动态仪表盘是一种非常高效且美观的数据呈现方式，不但能在有限的范围内呈现出尽可能多的信息，而且这些数据还具备动态性。但是从上面的制作过程来看，其实一点都不复杂，也没有什么高深的技术，用到的都是常用的函数、数据透视表、图表的基础知识，但是组合起来威力就非常强大。下面再回顾一下整个制作过程。

（1）思考：考虑老板想看到什么，数据如何呈现，这一步最好形成草图。

（2）获取：从信息系统或者相关部门获取原始数据。

（3）规范：确保数据的规范和准确。

（4）计算：对数据进行必要的计算和转换。

（5）分析：利用数据透视表多维度分析。

（6）转换：将数据透视表转换成数据透视图。

（7）输出：按照草图，生成最终的仪表盘。

每一步都不是很难，但是简单是极致的复杂。制作动态仪表盘是一个系统工程，需要对各种Excel技能进行融会贯通才可以实现。

第18课　Excel提效工具

说到外挂插件，可能读者会想到游戏中的外挂插件。Excel的外挂插件确实也如游戏的外挂插件一样，在合理利用的情况下，能大幅度提高效率。因为这些外挂插件把一些相对复杂的功能，封装在一个简单的按钮中。

这里介绍一个常用且完全免费的插件：Excel易用宝。它可以弥补低版本Office的一些不足，非常便捷地实现一些复杂的公式才能达成的效果。Excel易用宝包括各种功能：让我们再也不会看错数字的聚光灯、拆分/合并表格、数据对比、文本处理、二维表格转一维表格等。

18.1　聚光灯

舞台上的聚光灯会精准地照在主角身上，让观众能把目光聚焦到主角。在Excel易用宝中也有聚光灯功能，它能通过颜色的变化，标示出当前的单元格，而且行和列也会自动突出显示（不影响原始表格格式）。有了聚光灯功能，我们再也不怕看错行而导致出错了，只需要单击"聚光灯"按钮即可开启，效果见图18-1。

图 18-1

18.2　拆分/合并表格

在Excel中，要实现表格的拆分和合并，利用VBA或者Power Query都可以实现。但是VBA入门门槛太高，一般人搞不定，而Power Query只有在Excel 2016以上版本中才有。对Excel低版本用户来说，Excel易用宝可以说是救星：不但能拆分/合并表格，而且几乎是"傻瓜式"操作。

比如下面的销售数据表，要按照不同产品拆分成不同的工作表，则可以参照图18-2所示的操作。

合并工作表的操作类似，通过图 18-3所示的这种引导式对话框即可实现，这里不再赘述。

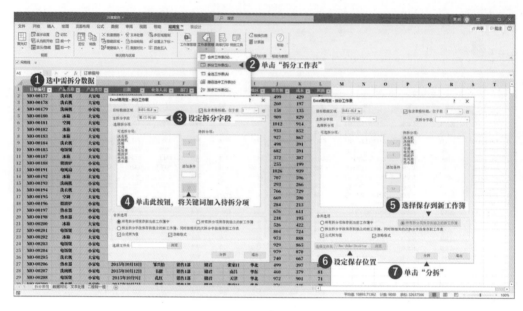

图 18-2

图 18-3

18.3 数据对比

18.3.1 提取唯一值

使用Excel易用宝插件，可以轻松提取重复数值中的唯一值，还可以提取多列数值中的唯一值，非常好用！

比如图18-4所示的两列名称，如果想要提取唯一值，则具体操作见图 18-4。

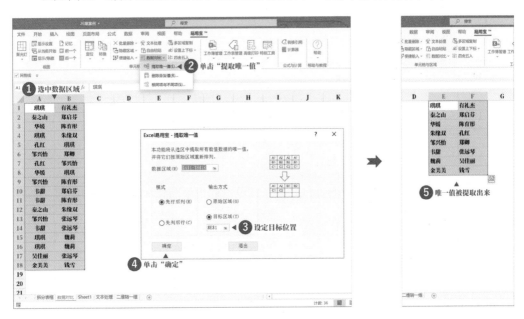

图 18-4

18.3.2 数据对比

简单的数据对比功能，用快捷键"Ctrl+/"就可以实现。但是想要得出更多的结果，比如相同值有哪些，不同值有哪些，并且进行特定的标注，那么利用Excel易用宝插件的数据对比功能会更简单，更轻松。

比如要对图18-5所示的两列数据进行对比，可以进行图 18-5所示的操作。

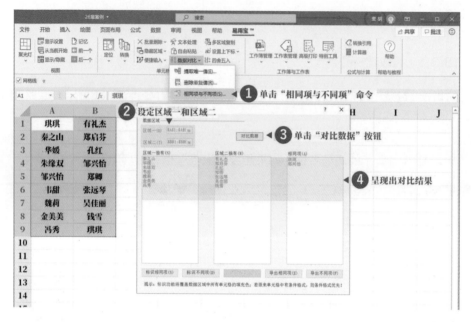

图 18-5

得到结果之后，可以对数据进行标示，还可以导出相同项或不同项，非常方便。

Tips：记住，在选择对比数据时，只选择有数据的区域即可，不要选择一整列，不然运算量过大，会让Excel进入假死状态。

18.4　文本处理

对于文本处理，在Excel中一般都要靠函数或者快速填充功能来实现。而快速填充功能也是Office 2013版本之后才有的功能。使用Excel易用宝能快速实现文本处理。

18.4.1　转换大小写

英文字母的大小写转换是比较常见的需求，Excel易用宝可以实现各种文本的大小写转换。除常见的字母大小写转换外，它还能实现句首字母大写等功能。单击"文本处理"—"改变大小写"命令，即可进行字母大小写转换，相关功能界面见图 18-6。

图 18-6

18.4.2 添加文本

Excel易用宝的添加文本功能，可以让我们在指定的位置处添加新的文本，单击"文本处理"—"添加文本"命令即可。

18.4.3 删除空格

删除全部空格在Excel中也可以实现，但是想要保留字符中的空格，就必须得用Excel易用宝了。它可以实现删除"前导空格""尾部空格"等，单击"文本处理"—"删除空格"命令即可。

18.4.4 删除特殊字符

Excel易用宝的删除特殊字符功能可以删除中文、数字或英文。利用这个功能，可以实现一些特殊的效果，比如只保留字符串中的中文、英文、数字等，单击"文本处理"—"删除特殊字符"命令即可。